Diplomica Verlag

Houssam Eddin Makkie

Green Building:
Nachhaltigkeitszertifikate im Bausektor

Konsequenzen für die Bau- und Immobilienwirtschaft

Makkie, Houssam Eddin: Green Building: Nachhaltigkeitszertifikate im Bausektor. Konsequenzen für die Bau- und Immobilienwirtschaft, Hamburg, Diplomica Verlag GmbH

ISBN: 978-3-8366-9133-8

© Diplomica Verlag GmbH, Hamburg 2010

Bibliografische Information der Deutschen Nationalbiblithek:

Die Deutsche Nationalbibliothek verzeichnet diese Publikation in der Deutschen Nationalbibliografie; detaillierte bibliografische Daten sind im Internet über http://dnb.d-nb.de abrufbar.

Die digitale Ausgabe (eBook-Ausgabe) dieses Titels trägt die ISBN 978-3-8366-4133-3 und kann über den Handel oder den Verlag bezogen werden.

Inhaltsverzeichnis

Abbildungsverzeichnis

Tabellenverzeichnis

1 Einleitung

1.1 Nachhaltigkeitszertifikate

Nachhaltigkeit hat sich in den letzten Jahren zu einem weltweit bedeutsamen Leitbild entwickelt, dass einen verantwortungsvollen Umgang mit der Zukunft unter Berücksichtigung ökonomischer, ökologischer und sozialer Aspekte fordert, um eine Entwicklungsmöglichkeit der nachfolgenden Generationen nicht zu gefährden.

Im Bereich der Bau- und Immobilienwirtschaft wird diese Thematik insbesondere durch den World Green Building Council (World GBC) angetrieben, der mit dem Ziel gegründet wurde, die Technologien und Entwurfspraktiken für nachhaltiges Bauen weltweit zu verbreiten. Die Mitgliedsländer der World GBC haben in den letzten Jahren verschiedene Bewertungssysteme (z.b. LEED, BREEAM, CASBEE, Green Star, etc.) für Gebäude entwickelt. Die verschiedenen Bewertungssysteme bauen z.t. aufeinander auf, führen einander fort oder wurden länderspezifisch angepasst. In Deutschland hat das Bundesministerium für Verkehr, Bau und Stadtentwicklung (BMVBS) in Zusammenarbeit mit der Deutschen Gesellschaft für Nachhaltiges Bauen e.V. (DGNB) ein nationales Zertifizierungssystem entwickelt. Das „Deutsche Gütesiegel für nachhaltiges Bauen" bewertet die Qualität eines Bauwerkes in umfassender Weise und berücksichtigt dabei den gesamten Lebenszyklus. Das Zertifikat, das den Marktteilnehmern nach einer derzeit laufenden Testphase voraussichtlich ab Anfang 2009 zur Verfügung stehen wird, beschränkt sich zwar zunächst auf Neubauten mit Büro- bzw. Verwaltungsnutzung, soll aber künftig nach für Bestandsbauen, Wohngebäude und schließlich für Bauwerke jeder Art angewendet werden können. Für die Bewertung der Bauwerke, die zur Einordnung in einer der drei Qualitätsstufen Bronze, Silber und Gold führt, wurde ein Kriterienkatalog entwickelt, der neben einer gleichberechtigten Berücksichtigung von ökonomischen, ökologischen, sozialen und technischen Aspekte auch die Qualität der Planungs- und Bauprozesse beurteilt.

1.2 Aufgabenstellung

Im Rahmen dieser Untersuchung soll eine vergleichende Analyse der DGNB-, LEED- und BREEAM Zertifizierungssysteme durchgeführt werden. Der Kriterienkatalog jedes Zertifizierungssystems der oben genannten Systeme soll auch detailliert bewertet und beschrieben werden. Der Aufbau und die Bewertungsweise jedes Systems gehören auch zu den Aufgaben.

Damit die Bewertung der drei Zertifizierungssysteme zustande kommt, werden die Verbreitung jedes Systems national und international im Bau- und Immobilienmarkt, die Vor- und Nachteile sowie die Kosten- und der Personalaufwand umfangreich bearbeitet und bewertet.

1.3 Vorgehensweise und Zielsetzung

Diese Untersuchung beschäftigt sich mit einer Analyse von der Nachhaltigkeit im Baubereich bzw. einer Analyse des DGNB-, LEED- und BREEAM-Zertifizierungssystems und ihrer Konsequenzen für Bau- und Immobilienwirtschaft. Sie gliedert sich in folgende Kapitel:

- Das erste Kapitel gibt eine kurze Einführung in die Thematik und vermittelt einen ersten Überblick.

- In Kapitel zwei wird auf die Grundlage vom Grünen Bauen und World Green Building Council eingegangen. Dies ist nötig, um die internationalen Nachhaltigkeitszertifikate besser verstehen zu können.

- Im Folgenden wird in Kapitel drei das deutsche Zertifizierungssystem (DGNB) und seine Kriterien-Gruppen detailliert dargestellt und diskutiert.

- In Kapitel vier wird erklärt, wie das amerikanische Zertifizierungssystem (LEED) aufgebaut wurde. Außerdem werden die Themenfelder von LEED ausführlich beschrieben.

- Kapitel fünf enthält das britische Zertifizierungssystem (BREEAM) und seine Themenfelder werden auch detailliert beschrieben.

- Eine vergleichende Analyse zwischen den drei oben genannten Zertifizierungssystemen wird in Kapitel sechs durchgeführt. Deren Verbreitung im Immobilienmarkt und Kosten werden auch in diesem Kapitel analysiert.

- Kapitel sieben umfasst die Zusammenfassung dieser Untersuchung.

Als Ziel für diese Arbeit soll der Einfluss von der Nachhaltigkeit auf die Bau- und Immobilienwirtschaft bewertet werden. Außerdem sollen die Chancen und Risiken der Nachhaltigkeitszertifikate ermittelt werden.

2 World Green Building Council

2.1 Entwicklung vom Konzept „Green Building"

Das Konzept von Green Building wurde in den 80er Jahren wegen der CO2-Emission, des Klimawandels und der Knappheit von Ressourcen und anderen Gründen entwickelt. Der Bausektor vom Bauen trägt zur Erhöhung der CO2-Emissionen in der Welt um ca. 40%[1] von den gesamten CO2-Emissionen bei, die das Phänomen von globaler Erwärmung verursachen. Viele Experten im Bau- und Immobilienmarkt glauben, dass das Wachstum des neuen Bauens in den nächsten 3 Dekaden um ca. 30% steigen wird, allein die Hälfte davon ist in China (ca. 20 Billionen m^2). Nachhaltiges Bauen ist deshalb erforderlich, um die Auswirkung dieses Wachstums auf die Umwelt nach den ökologischen, ökonomischen und soziokulturellen Aspekten zu kontrollieren.

Neben den CO2-Emissionen wirkt die Knappheit des Trinkwassers negativ auf Menschheit und Umwelt. Das Problem ist besonders in den letzten zehn Jahren im Zusammenhang mit der Erschwerung des Klimawandels aufgetreten. Die globale Erwärmung der Erde bedroht die Wasserressourcen in verschiedenen Orten auf der Welt. Klimaexperten glauben, dass die Spitze des Himalayas in den nächsten Jahren weniger Schnee haben wird und die Wasserressourcen knapp werden. Der Bausektor benötigt ca. 30% des Wassers in den Bauaktivitäten, weshalb die Entwicklung der neuen Technologien in diesem Bereich notwendig ist. Die optimale Lösung ist die Entwicklung und die Verbesserung der Aspekte der Nachhaltigkeit, um den Wasserverbrauch effizient zu machen.

Die mega-Entwicklung der Städte und Industrie auf der Welt hat die Nachfrage nach Energie erhöht. Der steigende Energieverbrauch wirkt sich negativ auf die Umwelt aus, besonders mit der Abwesenheit der Nachhaltigkeit in vielen Ländern wie z.B. Asien und Afrika. Westeuropa, USA, Kanada und Australien haben das Konzept Green Building entwickelt und benutzt. Die Verbreitung des Konzepts von Green Building auf der ganzen Welt ist deshalb erforderlich, um die CO2-Emissionen und den Klimawandel zu verringern und die Ökonomie in den nächsten 50 Jahren zu verbessern.

Green Building wird (dt. Grünes Gebäude) als ein Gebäude bezeichnet, dessen Ressourceneffizienz in den Bereichen Energie, Wasser und Material erhöht ist, während

---

[1] Vgl.[01], S.3

gleichzeitig die schädlichen Auswirkungen auf Gesundheit und Umwelt reduziert sind, indem schon bei der Planung und Sanierung von entsprechenden Konstruktionen auf besonders ressourcenschonendes Bauen Wert gelegt wird. Von diesen Maßnahmen sind von der Anlage, der Planung und der Konstruktion über den Betrieb, die Wartung und die Demontage alle Bereiche des Lebenszyklus eines Gebäudes betroffen.

2.2 Geschichte von „Green Building"

Green Building wurde in den 80er Jahren vom amerikanischen Institut für Architektur (AIA) geboren. Das amerikanische Institut für Architektur hat im selben Jahr den sogenannten Ausschuss für Umwelt[2] gegründet, der die Konzepte des nachhaltigen Bauens in der Zusammenarbeit mit der kanadischen Architekturkammer entwickelt. Jahre später, genau um 1993 wurde das US Green Building Council gegründet, um den Bausektor nach den ökologischen Aspekten zu orientieren. Gleichzeitig wurden die Konzepte und Aspekte von Green Building um die Welt exportiert und Großbritannien hat auch gleichzeitig ihre Gesellschaft für nachhaltiges Bauen (UKGBC) gegründet. Viele Länder wie Kanada, Australien, Frankreich, Japan usw. haben dann ihre eigenen Zertifizierungssysteme gegründet und weiter entwickelt. Mitte 2008 hat Deutschland entschieden ihr Zertifizierungssystem im Bau und Immobilienmarkt zu veröffentlichen. Das System ist die Zusammenarbeit zwischen der Deutschen Gesellschaft für Nachhaltiges Bauen (DGNB) und das Bundesministerium für Verkehr, Bau und Stadtentwicklung (BMVBS).

Heute arbeiten die verschiedenen internationalen Green Building Council unter der Aufsicht von World Green Building Council.

2.3 World Green Building Council

2.3.1 Gründung und Geschichte von World GBC

Die Nachhaltigkeitsbewegung begann Ende der 90er im Bausektor weltweit enorm zu expandieren. Dazu tragen das stetig steigende Wissen um die globale Klimaveränderung und das wachsende Bewusstsein über den großen Beitrag von Gebäuden am Gesamt-

---

[2]   Committee on the Environment (COTE)

energieverbrauch eines Landes bei. Dies erklärt die Vorreiterrolle in Ländern mit hohem Energieverbrauch.

Die Gründung des World Green Building Council (World GBC) wurde erstmalig 1998 in Nagoya, Japan angekündigt um die Arbeit der nationalen GBC zu koordinieren und voranzutreiben. Ein Jahr später und genau im November 1999 war in Kalifornien, USA der offizielle Beginn von World GBC mit 8 Gründungsmitgliedern, welche sind:[3]

- U.S. Green Building Council
- Green Building Council of Australia
- Spain Green Building Council
- United Kingdom Green Building Council
- Japan Green Building Council
- United Arab Emirates
- Russia
- Canada

Der World-GBC unterstützt weltweit die Entwicklung der Standards, Technologien, Produkte und Projekte. Er gilt ebenfalls als unpolitisches globales Forum für die Nachhaltigkeitsdiskussionen im Baubereich.

Als gemeinnützige Organisation, verfolgt der World-GBC das Ziel, als weltweit führende Einrichtung über die nationalen Mitglieder die Immobilienbranche in Richtung Nachhaltigkeit voranzubringen.

Der World GBC stellt als direkte Ziele seiner Gründung dar, technisches Wissen und Fortschritt der landesspezifischen Informationen über nachhaltiges Bauen weiter zu geben, und die Technologien und Entwurfspraktiken für nachhaltiges Bauen zu verbreitern.

Zudem ist eines der Hauptziele des World GBC, Mitglieder auf der ganzen Welt, eingeschlossen der Entwicklungsländer, zu werben.

Der World Green Building Council (World GBC) stellt außer Unterstützung und Förderung auch Richtlinien für die Gründung weiterer Green Building Council zur Verfügung. In den Richtlinien wird angeregt, dass die Mitgliedschaft die nationale

---

[3]   Vgl. [URL1]

geographische Umgebung und die Vielzahl der Akteure reflektieren sollte. Der USGBC beispielsweise hat momentan mehr als 7200 Mitglieder, mit steigender Tendenz. Die bestehenden nationalen GBC finanzieren sich durch individuell gestaffelte Mitgliedsbeiträge und werden von der Bauindustrie gut angenommen und unterstützt.

Der World GBC besteht momentan aus 14 Mitgliedsländern[4] mit eigenen Green Building Council (Argentinien, Australien, Brasilien, Indien, Deutschland, Frankreich, Japan, Kanada, Mexiko, Neuseeland, Taiwan, Südafrika, USA, Großbritannien und Vereinigte Arabische Emirate) und weiteren Ländern wie z.b. Chile, Ägypten, Griechenland, Kuwait, Polen, Norwegen usw., die aktiv an der Gründung ihres eigenen GBC arbeiten.

Abbildung 1: Internationale Zertifizierungssysteme[5]

2.3.2   Visionen und Missionen von World GBC

Die Vision von World GBC lautet:

„The peak global not-for-profit Organization working to transform the property industry towards sustainability through its members national GBC's"

Das bedeutet, dass sich World GBC seit der Gründung ständig bemüht, die Aspekte der Nachhaltigkeit „Green Building" tiefer im Bau- und Industriebereich zu verbreiten. Die Länder, die mehr als 50% der Bauaktivitäten in der Welt haben, entwickelten ihr

---

[4]   Vgl. [URL2]
[5]   Vgl. [02]

eigenes Zertifizierungssystem in Zusammenarbeit mit World GBC, außerdem haben diese Länder weitere Tendenz mehr als Green Building zu bauen oder zu investieren. Die Mitglieder des World GBC wollen auch das Konzept von Green Building, besonders nach der Erhöhung der CO2-Emissionen und dem Klimawandel, weltweit exportieren.

Die Missionen6 von World GBC sind:

- Umsetzung der Bau- und Industrieaktivitäten auf dem Weg von Green Building

- Erhöhung der Kommunikation zwischen den internationalen Unternehmen und Firmen, um ihre Erfahrungen von der Nachhaltigkeit austauschen zu können

- Unterstützung der internationalen Green Building Council, um ihre Zertifizierungssysteme weiter zu entwickeln

2.3.3 Die verschiedene Zertifizierungssysteme auf der Welt

Seit Anfang des Jahres 2000 wurden verschiedene internationale erfolgreiche Zertifizierungssysteme für Gebäude entwickelt und unter der Aufsicht des World GBC verbreitet. Zu diesen gehören:

- DGNB Deutsche Gesellschaft für Nachhaltiges Bauen e.V.

- LEED Leadership in Energy & Environmental Design (USA)

- BREEAM Building Research Establishment Environmental Assessment Method (England)

- CASBEE Comprehensive Assessment System for Building Environmental Efficiency (Japan)

- HQE Haute Qualité Environnementale (Frankreich)

- Green Star (Australien)

und viele andere Zertifizierungssysteme.

Die internationalen Zertifizierungssysteme haben dieselben Grundlagen und Aspekte von Green Building wie ökologische, soziokulturelle oder technische Aspekte. Jedoch hat jedes System diese Aspekte und zusätzliche Aspekte landspezifisch angepasst. Folgende drei Zertifizierungssysteme werden deshalb ausgewählt, weil viele Projekte in Deutschland ein LEED-, BREEAM- oder DGNB-Zertifikat erhalten haben. DGNB ist

---

6   Vgl. [URL3]

außerdem das nationale deutsche System. In den folgenden Absätzen werden diese Zertifizierungssysteme kurz beschrieben.

- **DGNB**[7]

Das deutsche Zertifizierungssystem wurde von Deutscher Gesellschaft für Nachhaltiges Bauen (DGNB) in Zusammenarbeit mit Bundesministerium für Verkehr, Bau und Stadtentwicklung (BMVBS) entwickelt. Das System wird im Bau- und Immobilienmarkt seit Mitte 2008 veröffentlicht und hat nur eine Version für neue Bau- und Verwaltungsbüros. DGNB hat neben den ökologischen, soziokulturellen und technischen Aspekten die ökonomischen Aspekte addiert, damit die Stabilität der Immobilienwerte und Kostenbezogene Lebenszyklus eines Gebäudes kontrolliert werden. Das deutsche Gütesiegel befindet sich in „Gold", „Silber" und „Bronze", je nach dem gesamten Erfüllungsgrad des Projektes.

- **LEED**[8]

LEED ist das Bewertungsverfahren, das vom US-GBC entwickelt wurde, um die Nachhaltigkeit beim Gebäudeentwurf abzuschätzen und die Ziele der Nachhaltigkeit einzubeziehen.

Die Ziele von LEED sind, mit einem herkömmlichen standardisierten Bewertungssystem die Nachhaltigkeit zu definieren, für integrierte, ganzheitliche Entwurfspraktiken zu werben, die ökologische Führungsrolle der Bauindustrie widerzuspiegeln, Wettbewerb im nachhaltigen Bauen anzuregen, das Bewusstsein der Konsumenten im Bezug auf den Nutzen nachhaltiger Gebäude zu erhöhen und um den Markt Richtung Nachhaltigkeit zu verändern. Das LEED-System kann auf drei verschiedene Arten genutzt werden, um die Nachhaltigkeit eines Gebäudeentwurfs zu verbessern:

1. LEED kann als Entwurfsleitfaden für das Planungsteam gelten, um ökologische Kriterien in den Gebäudeentwurf einzubeziehen.

2. LEED-Bewertungsberichte sind Mittel, den Kunden und anderen Interessierte zu zeigen, dass ökologische Kriterien im Entwurf einbezogen wurden.

---

[7]   Mehr Informationen auf www.dgnb.de
[8]   Mehr Informationen auf www.usgbc.org/LEED

3. Ein Gebäudeentwurf kann vom amerikanischen oder kanadischen Green Building Council zertifiziert werden.

Das Bewertungsschema erlaubt die Einteilung in „zertifiziert", „Silber", „Gold" oder „Platin-Auszeichnung".

- **BREEAM**[9]

BREEAM wurde von BRE (Building Research Establishment Ltd.) entworfen, kontrolliert und weiterentwickelt und hat viele Versionen für Büros, Industrie, Schulen, Gerichte, Gefängnisse, Mehrfamilienhäuser, Krankenhäuser, Häuser, bestehende Siedlungen und Wohnhäuser.

BREEAM vergibt ein ökologisches Gütesiegel, nach der Prüfung der Gebäudeperformance hinsichtlich einer Reihe von ökologischen Kategorien. Diese bewerten die Auswirkungen des Gebäudes auf seine Umwelt auf globaler, regionaler, lokaler und innenräumlicher Ebene.

Die erreichte Punktzahl wird in Form einer allgemeinen Wertung ausgedrückt und in Klassen von „Ausgezeichnet" über „Sehr gut" und „Gut" bis „Durchschnittlich" eingeteilt. Das Gebäude kann auf dieser Skala eingeordnet werden und ein Zertifikat kann vom Eigentümer zu Werbezwecken genutzt werden.

---

[9] Mehr Informationen auf www.breeam.org

3 Deutsche Gesellschaft für Nachhaltiges Bauen

Die Deutsche Gesellschaft für Nachhaltiges Bauen e.V. (DGNB) wurde in Juni 2007 gegründet. Seit Februar 2008 ist die Non-Profit Organisation ein Mitglied unter der Decke von World Green Building Council (World GBC). DGNB agiert nun als die zentrale Organisation in Deutschland für den Austausch von Wissen, Weiterbildung und für die Zertifizierung der Nachhaltigkeit der Bau- und Immobilienwirtschaft.

Abbildung 2: Geschichte der DGNB[10]

Die deutsche Gesellschaft für Nachhaltiges Bauen entwickelte in Zusammenarbeit mit dem Bundesministerium für Verkehr, Bau und Stadtentwicklung (BMVBS) ein deutsches Gütesiegel für die Nachhaltigkeit der Bau- und Immobilienwirtschaft.

Im Januar 2009 erteilte DGNB das erste Probezertifikat dieses Gütesiegels für neue Bauwerke im Bereich Büro- und Verwaltungsgebäude. Nach dem Ende der Probephase hat DGNB die Abgabe des Gütesiegels auf andere Bereiche wie z.B. Bestands- und Wohnbauten, Industriebereiche und andere Bauwerktypen erweitert. Consense 2009 in Stuttgart war ein Wendepunkt für die nationale und internationale Verbreitung der DGNB.

Nachhaltige Immobilien sollten demnach folgende Anforderungen erfüllen:

- Hohe Qualität
- Wirtschaftliche Effizienz
- Langfristigen Werterhalt

Sie sollten zudem umweltfreundlich, ressourcensparend, behaglich und gesund für die Nutzer sein.

---

[10] Vgl.[03], S.10

3.1 Das Deutsche Gütesiegel Nachhaltiges Bauen

DGNB verlieht 3 Sorten der Zertifikaten: Gold, Silber und Bronze, je nach Erfüllungsgrad erhält der Bauherr ein Zertifikat für sein Bauwerk. Jedes Zertifikat entspricht einer bestimmten Note.

Abbildung 3: Das deutsche Gütesiegel in Gold, Silber und Bronze [11]

Um ein Gebäude von DGNB zertifizieren zu lassen, ist folgender Prozess notwendig:

Abbildung 4: Der Weg zum Gütesiegel [12]

---

[11]   Vgl.[URL4]
[12]   Vgl.[URL4]

26

1. Immobilien bei DGNB registrieren:

Wenn Bauherren ihr Objekt zertifizieren lassen wollen, beantragen sie bei DGNB einen akkreditierten Auditor. Danach erfolgt die Registrierung des Gebäudes über die Webseite von DGNB.

2. Zielwerte für die Gebäudeeigenschaften gemäß Gold, Silber oder Bronze definieren:

Anschließend erhält die DGNB vom Auditor ein objektspezifisches Pflichtenheft, in dem alle Ziele für das geplante Gebäude angegeben werden. Der Bauherr ist nun verbindlich dazu verpflichtet, alle angegebenen Ziele einzuhalten und zu verwirklichen.

3. Vorzertifikat für die Vermarktung nutzen:

Die eingereichten Unterlagen werden von der DGNB überprüft und mit den Anforderungen des Gütesiegels verglichen. Je nach Erfüllungsgrad erhält der Bauherr ein Vorzertifikat in Gold, Silber oder Bronze. Dieses Vorzertifikat kann nun bereits zur frühzeitigen Vermarktung des Gebäudes genutzt werden.

4. Planungs- und baubegleitende Dokumentation wird von DGNB geprüft:

Nach Erhalt des Vorzertifikates kann der Bauherr nun mit der Ausführungsplanung und dem Bau des Gebäudes beginnen. Diese Phase wird vom Auditor dokumentiert. Anhand des DGNB Dokumentationshandbuchs ist er dazu verpflichtet, alle Anforderungen des Pflichtenheftes zu überwachen.

Nach der Fertigstellung des Gebäudes findet eine Konformitätsprüfung statt. Basis dieser Prüfung ist die DGNB Dokumentationsrichtlinie. Ein Gutachter des DGNB prüft, ob alle Vorgaben des Vorzertifikats wie vereinbart umgesetzt wurden.

Wenn alle Kriterien erfüllt wurden, wird das Vorzertifikat dauerhaft bestätigt und der Bauherr erhält das Deutsche Gütesiegel Nachhaltiges Bauen.

5. Deutsches Gütesiegel Nachhaltiges Bauen für die Vermarktung nutzen:

Der Bauherr erhält vom DGNB ein Zertifikat und eine Plakette für sein Gebäude. Diese können nun weiterhin zur Vermarktung eingesetzt werden.

3.2 Die Kriteriengruppe des Zertifizierungssystem

Die neue Version des Zertifizierungssystems ist für den Neubau der Büro- und Verwaltungsgebäude geeignet. Das Zertifizierungssystem präsentiert sich als transparentes und nachvollziehbares System auf dem Markt.

Damit das Zertifizierungssystem eine tatsächliche Bewertung der Nachhaltigkeit bietet, wurde das System mit einer Gewichtungsmatrix gewichtet. Diese entspricht dem jeweiligen Bauwerkstyp. Zudem wurden die Themenfelder des Systems berücksichtigt. Also Sechs Themenfelder werden im Zertifizierungssystem berücksichtigt: Ökologie-, Ökonomie-, und soziokulturelle Aspekte, zudem auch technische-, Prozess- und Standortqualität für die Immobilien.

Die Themenfelder mit ihrer Gewichtung sind:

1. Ökologische Qualität (22,5%)
2. Ökonomische Qualität (22,5%)
3. Soziokulturelle und funktionale Qualität (22,5%)
4. Technische Qualität (22,5%)
5. Prozessqualität (10%)
6. Standortqualität (separat bewertet)

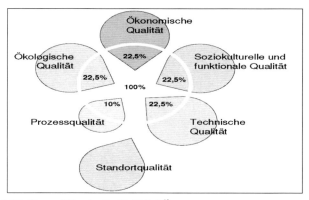

Abbildung 5: Die Themenfelder der Nachhaltigkeit [13]

---

[13]   Vgl. [04], S.9

Entscheidend für die Gesamtbewertung der Gebäudequalität sind die ersten fünf Themenfelder. Um die ortsunabhängige Bewertung eines Gebäudes gewährleisten zu können, wird die Standortqualität separat bewertet.

Jedes Themenfeld umfasst mehrere Kriterien. Anfangs wurden 63 Kriterien berücksichtigt, um die Nachhaltigkeit neuer Büro- oder Verwaltungsgebäude zu bewerten. In der Version 2008 fließen jedoch nur noch 49 Kriterien in die Bewertung ein. Davon befassen sich 43 Kriterien mit der Gebäudequalität. Die restlichen 6 Kriterien beschreiben die Standortqualität.

Jedes Kriterium kann mit maximal 10 Punkten bewertet werden. Je höher die Qualität, desto mehr Punkte werden vergeben.

Die Wichtigkeit eines Kriteriums ist abhängig vom Bauwerkstyp. Jedes Kriterium besitzt daher einen Gewichtungsfaktor. Dieser kann je nach Bedeutung und Wichtigkeit des Kriteriums mit dem Faktor 0 bis 3 bewertet werden. Er beträgt z.B. 0 wenn ein Kriterium vollkommen unwichtig für den Bau eines spezifischen Bauwerks ist, wie z.B. das Kriterium Raumkomfort beim Bau einer Autobahnbrücke. Dieses Kriterium ist wiederum sehr wichtig bei dem Bau eines Bürogebäudes und erhält aus diesem Grund bei diesem Bauwerkstyp den Gewichtungsfaktor 3.

Mit einer speziellen Software lassen sich die Ergebnisse der Themenfelder und der jeweiligen Kriterien in einer Bewertungsgrafik sehr übersichtlich darstellen. Je mehr die Ergebnisse der Bewertung mit den Anforderungen des Gütesiegels übereinstimmen, desto höher ist der Erfüllungsgrad.

Abhängig vom Erfüllungsgrad erhält das Gebäude Gold, Silber oder Bronze.

Der Gesamterfüllungsgrad kann jedoch auch mit einer Note angegeben werden:

- 95 % entspricht der Note 1,0
- 80 % entspricht der Note 1,5
- 65 % entspricht der Note 2,0

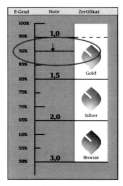

Abbildung 6: Note nach dem Erfüllungsgrad [14]

3.3 Ökologische Qualität

3.3.1 Treibhauspotenzial

Das Treibhauspotenzial ist der potenzielle Beitrag eines Stoffes zur Erwärmung der bodennahen Luftschichten. Der Beitrag des Stoffes wird als GWP Wert relativ zu dem Treibhauspotenzial des Stoffes Kohlendioxid (CO_2) angegeben. Der Zertifizierungswert von GWP ist 100, d.h. der Beitrag eines Stoffes zum Treibhauseffekt wird innerhalb eines Zeitraums von 100 Jahren verwendet.

Das Ziel der Zertifizierung ist die Reduktion des Treibhauspotenzials.

Die Bewertung des Treibhauspotenzials für die Herstellung, Nutzung oder Entsorgung eines Bauwerks erfolgt über den Betrachtungszeitraum von 50 Jahren (Kg $CO_2/m2NGF$). Außerdem ist zur Bestimmung der ökologischen Auswirkungen des Gebäudes eine Ökobilanzierung der Materialen bzw. Bauteile nach DIN EN ISO 14040 und 14044 erforderlich. Die Eingangsgrößen können für die Nutzungsphase aus dem energetischen Nachweis nach EnEV 2007 gewonnen werden.

---

[14] Vgl. [URL5]

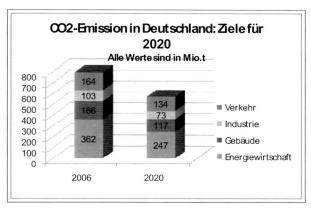

Abbildung 7: CO2 Emission in Deutschland Ziele für 2020[15]

3.3.2 Ozonschichtabbaupotenzial

Die Ozonschicht absorbiert die UV-Strahlung, um diese dann richtungsunabhängig mit größerer Wellenlänge wieder abzugeben. Ohne die Ozonschicht würde die UV-Strahlung das Leben auf der Erde zerstören. Die Ozonschicht schirmt unsere Erde jedoch von einem großen Teil der UV-Strahlung ab und verhindert somit eine zu starke Erwärmung der Erdoberfläche.

Schadstoffausstoß, der zur Zerstörung der Ozonschicht beiträgt, muss daher unbedingt reduziert werden. Zur Bestimmung der ökologischen Auswirkungen des Gebäudes ist eine Ökobilanzierung der Materialen bzw. Bauteile nach DIN EN ISO 14040 und 14044 erforderlich.

Die Eingangsgrößen können für die Nutzungsphase aus dem energetischen Nachweis nach EnEV 2007 gewonnen werden.

3.3.3 Ozonbildungspotential

Schädliche Gase wie z.B. Stickoxide und Kohlenwasserstoffe tragen in Verbindung mit UV-Strahlung zur Bildung von bodennahem Ozon bei. Die human- und ökotoxische Verunreinigung der bodennahen Luftschicht wird als „Sommersmog" bezeichnet.

---

[15]   Quelle: Umweltbundesamt/Deutsche Gesellschaft Nachhaltiges Bauen

Dieser hat negative Auswirkungen auf Atemorgane, Pflanzen und Tiere. Ein wichtiges Ziel ist somit die Senkung des Ozonbildungspotenzials. Zur Bestimmung der ökologischen Auswirkungen des Gebäudes ist eine Ökobilanzierung der Materialen bzw. Bauteile nach DIN EN ISO 14040 und 14044 erforderlich. Die Eingangsgrößen können für die Nutzungsphase aus dem energetischen Nachweis nach EnEV 2007 gewonnen werden.

3.3.4 Versauerungspotenzial

Das Versauerungspotenzial ist die Erhöhung der Konzentration von H-Ionen in Luft, Wasser und Boden. Schwefel- und Stickstoffverbindung aus Emissionen reagieren in der Luft zu Schwefelsäure und schädigen als „Saurer Regen" Bauwerke, Wälder und Lebewesen. Ein wichtiges Ziel der Zertifizierung ist daher die Reduktion vom Versauerungspotenzial.

Zur Bestimmung der ökologischen Auswirkungen des Gebäudes ist eine Ökobilanzierung der Materialen bzw. Bauteile nach DIN EN ISO 14040 und 14044 erforderlich. Die Eingangsgrößen können für die Nutzungsphase aus dem energetischen Nachweis nach EnEV 2007 gewonnen werden.

3.3.5 Überdüngungspotential

Der Übergang von Gewässer von einem nährstoffarmen Zustand zu einem nährstoffreichen Zustand wird als Überdüngung bezeichnet. Phosphor- und Stickstoffverbindungen, die aus der Herstellung von bestimmten Bauprodukten erzeugt werden, sind die Hauptverursacher für dieses Phänomen. Die Änderung der Nährstoffkonzentration führt z.B. in Gewässern zu einer Algenvermehrung, die u.a. das Sterben von Fischen verursacht. Aus diesem Grund ist die Reduktion von Überdüngung erforderlich.

Zur Bestimmung der ökologischen Auswirkungen des Gebäudes ist eine Ökobilanzierung der Materialen bzw. Bauteile nach DIN EN ISO 14040 und 14044 erforderlich. Die Eingangsgrößen können für die Nutzungsphase aus dem energetischen Nachweis nach EnEV 2007 gewonnen werden.

3.3.6 Risiken für die Lokale Umwelt

Einige Baumaterialien und Produkte wirken sich negativ auf die lokale Umwelt aus. Zu diesen Baumaterialien gehören z.b. Halogene, Schwermetalle und organische Lösemittel. Die Verwendung dieser Materialien soll reduziert werden, damit die lokale Umwelt geschützt wird. Um dieses Ziel zu erreichen, werden 4 Handlungsstufen entwickelt, jede Stufe umfasst eine Liste der Materialien und Produkten, ihrer Nutzung im Bau verringern werden soll. Die Erfüllung einer Stufe ist erforderlich, damit die Bearbeitung der nächsten Stufe stattfindet. Je mehr Handlungsstufen erfüllt werden, desto geringer sind die Risiken für die Umwelt.

3.3.7 Sonstige Wirkung auf die globale Umwelt

Der Bau eines Gebäudes wirkt sich auch auf die globale Umwelt aus. Diese Auswirkung muss reduziert werden. Damit dieses Ziel erreicht werden kann, muss darauf geachtet werden, dass bei dem Bau eines Gebäudes vor allem zertifiziertes Holz verwendet wird. Nur wenn durch ein Zertifikat die geregelte und nachhaltige Bewirtschaftung des Herkunftsforstes nachgewiesen werden kann, dürfen z.b. subtropische und boreale Hölzer verwendet werden.

Die Ausstellung der erforderlichen Zertifikate erfolgt durch die Organisationen „Forest Stewardship Council (FSC)" und das Programm für „Endorsement of Forest Certification Schemes (PEFC)" bzw. durch eine von ihnen akkreditierte Zertifizierungsgesellschaft.

Basis für die Überprüfung der Hölzer sind international anerkannte Zertifizierungskriterien. Lieferanten sind dadurch verpflichtet das Herkunftsland und die Holzart zusätzlich zu deklarieren.

3.3.8 Mikroklima

Die Verwendung von besonderen Materialen in den Fassaden oder Dächern von Gebäuden wirkt sich negativ auf das lokale Mikroklima aus. Hinzu kommt, dass gerade in Städten nur noch sehr geringe unversiegelte Flächen bzw. Begrünung vorhanden sind. So kommt es dort zu einer starken Aufwärmung tagsüber und einer uneingeschränkten Abkühlung nachts. Dieser sogenannte "Wärmeinseleffekt" bewirkt, dass Städte im Vergleich zum Umland viel wärmer sind. Diesem Effekt kann man entgegenwirken, indem man z.B. Materialien mit geringer solarer Absorption verwendet oder unversiegelte Flächen schafft.

3.3.9 Nicht erneuerbarer Primärenergiebedarf

Da in der Vergangenheit sehr verschwenderisch mit Steinkohle, Braunkohle, Erdöl, Erdgas und Uran umgegangen wurde, herrscht bereits eine Knappheit an diesen nicht erneuerbaren Primärenergiequellen. Daher müssen diese zukünftig verantwortungsbewusst und sparsam eingesetzt werden. Damit wir den Einsatz von nicht erneuerbaren energetischen Ressourcen verringern können, muss vorab der nicht erneuerbare Energiebedarf für die Nutzung des Gebäudes ermittelt werden.

Der Bedarf an nicht erneuerbarer Energie wird während des gesamten Lebenszyklus des Gebäudes (kWh/m2NGF*a) ermittelt.

3.3.10 Gesamtprimärenergiebedarf und Anteil erneuerbarer Primärenergie

Das Ziel dieses Kriteriums ist die Minimierung des Primärenergieverbrauches im Lebenszyklus einer Immobilie sowie die Maximierung des Verbrauches von erneuerbarer Energie. Primärenergie ist die Energie, die in natürlich vorkommenden Energiequellen zur Verfügung steht. Dazu gehören erneuerbare Energien wie z.B. Sonnenstrahlung, Wind, Wasser und Erdwärme und nicht erneuerbare Energien wie z.B. Erdöl, Erdgas und Uran. Der Anteil der erneuerbaren Primärenergie wird neben dem Gesamtprimärenergiebedarf innerhalb eines Betrachtungszeitraums von 50 Jahren ermittelt.

3.3.11 Trinkwasserbedarf und Abwasseraufkommen

Trinkwasserbedarf und Abwasseraufkommen müssen reduziert werden. Hochwertiges Trinkwasser ist nicht in jeder Region verfügbar, das normalerweise durch verschiedene Prozesse gewonnen wird. Der wichtigste Vorgang ist die Filterung. Hierbei wird das Wasser von Schadstoffen aus der Landwirtschaft und andere Stoffen gereinigt wird.

Die anfallenden Kosten für die Kläranlagen und das Kanalsystem sind hoch. Deshalb muss nach Alternativen gesucht werden die wenige Kosten verursachen. Eine effektive Alternative ist z.B. die Nutzung von Regenwasser.

3.3.12 Flächeninanspruchnahme

Mit der Zunahme der Einwohner werden stets neue Gebäude auf neue Flächen gebaut. Da dies die Umwelt zerstört, muss der Bau von neuen Verkehrs- und Wohnflächen reduziert werden. Der Bau der Verkehrs- und Wohnflächen kann erlaubt wird, wenn diese Flächen bereits für diesen Zweck zugeordnet werden.

3.4 Ökonomische Qualität

3.4.1 Gebäudebezogene Kosten im Lebenszyklus

Das tatsächliche Ziel dieses Kriteriums ist die Minimierung der Lebenszykluskosten eines Gebäudes. Normalerweise wird in den meisten Projekten mehr auf die Erstellungskosten als auf die Folgekosten gedacht. Das führt dann zur einer falschen Beurteilung der Folgekosten. Diese Umfassung alle Kosten von der Inbetriebnahme zu der Entsorgung des Gebäudes. Die Bewertung der Lebenszykluskosten (life cycle costs) erfolgt in €/m2 NGF innerhalb eines bestimmtes Betrachtungszeitraums. Dieser wird in 3 Phasen untergliedert:

- Entwicklungs- und Planungsphase
- Erstellungsphase
- Umbau- und Entsorgungsphase

Während der Entwicklungs- und Planungsphase des Projektes lassen sich die Kosten am effizientesten optimieren.

3.4.2 Wertstabilität

Die stetigen Wandlungen auf dem globalen Immobilienmarkt verlangen Effizienz und Flexibilität. Da nachhaltige Gebäude sehr anpassungsfähig sind, können sie optimal diesen Herausforderungen gerecht werden. Die hohe Umnutzungsfähigkeit von nachhaltigen Immobilien bedient zudem einen Wandel mit geringem Ressourcen-verbrauch.

Die Bewertung der Umnutzungsfähigkeit und Flächeneffizienz findet während der Nutzungsphase eines Gebäudes statt. Jedoch ist die richtige Planung der Flächeneffizienz entscheidend, damit die Immobilie mit geringem Aufwand und wenig Ressourcen eine bessere Umnutzungsfähigkeit erreicht.

3.5 Soziokulturelle Qualität

3.5.1 Thermischer Komfort im Winter

Dieses Kriterium untersucht Einflüsse, die das Raumklima verändern können. Diese sind z.b. Lufttemperatur, Luftgeschwindigkeit und Strahlungstemperatur. Zudem sollte z.b. auf die Vermeidung von Zugluft geachtet werden. Die Erfüllung des thermischen Komforts bedingt eine hohe Zufriedenheit und Behaglichkeit der Personen im Raum. Damit der thermische Komfort erfüllt wird, müssen insgesamt folgende Kriterien berücksichtigt werden:[16]

1. Operative Temperatur (quantitativ)
2. Zugluft (quantitativ)
3. Strahlungstemperaturasymmetrie und Fußbodentemperatur (quantitativ)
4. Relative Luftfeuchte (quantitativ)

3.5.2 Thermischer Komfort im Sommer

Die Erfüllung des thermischen Komforts im Sommer erfolgt im Prinzip wie die Erfüllung des thermischen Komforts im Winter. Nach DIN 4108-2 werden bestimmte Anforderungen an bauliche Maßnahmen und raumlufttechnische Anlagen gestellt, damit eine Überhitzung verhindert werden kann.

3.5.3 Innenraumhygiene

Die Auswahl eines geruchs- und emissionsarmen Baustoffes in der Planungsphase hilft die Emissionskonzentrationen in der Raumluft zu verringern.

Dies kann anhand einer Messung des TVOC-Gehaltes[17] in der Raumluft überprüft werden. Diese sollte spätestens 4 Wochen nach Fertigstellung des Gebäudes, d.h. nach Ende aller handwerklichen und bautechnischen Arbeiten durchgeführt werden.

3.5.4 Akustischer Komfort

Die Gesundheit und Sprachverständlichkeit der Nutzer eines Raumes sollten gefördert werden. Ein hoher Stör- und Fremdgeräuschpegel beeinträchtigt jedoch die Gesundheit der Nutzer. Aus diesem Grund sollte er im Raum so niedrig wie möglich gehalten

[16] Vgl. [05], S.22
[17] TVOC bedeutet Total Flüchtige organische Verbindungen

werden. Um dieses Ziel zu erreichen, sollte man darauf achten, dass die akustische Leistungsfähigkeit gut ist.

Der akustische Komfort im Raum wird zuerst nach der Nachhallzeit T in s bewertet. Diese Werte werden daraufhin mit den Werten in DIN 18041 verglichen.

3.5.5   Visueller Komfort

Unter visuellem Komfort versteht man die optimale Verteilung der Beleuchtung im Gebäude ohne Störung wie Direkt- oder Reflexblendung. Das Beleuchtungssystem sollte daher Kriterien wie z.b. gute Lichtverteilung, angepasste Lichtfarbe oder richtige Lichtstärke berücksichtigen. Durch die richtige Planung und Nutzung des Tages- und Kunstlichts werden eine hohe Beleuchtungsqualität und ein niedriger Energiebedarf gewährleistet. Durch die hohe Ausnutzung des Tageslichts sinken zudem die Betriebs- kosten und es erhöht sich die Leistungsfähigkeit und Gesundheit der Personen am Arbeitsplatz.

3.5.6   Einflussnahme des Nutzers

Die Einflussmöglichkeiten des Nutzers auf die technischen Anlagen im Raum wie z.b. Lüftungs-, Beleuchtungs- oder Heizungssystem müssen erhöht werden. Entsprechende Maßnahmen, zur Erreichung dieses Zieles, sollten frühzeitig vorgenommen werden, um die Behaglichkeit und Zufriedenheit des Nutzers zu gewährleisten.

3.5.7   Dachgestaltung

Eine unpassende Dachgestaltung kann das allgemeine Aussehen des Umfeldes negativ beeinträchtigen. Die Flächen der Dächer können als Grünflächen benutzt werden, die z.B. für Solaraktive Flächen oder für andere technische Anlage benutzt werden. Außer- dem dienen diese Flächen als soziokulturelle Nutzung wie z.B. Terrassen. Die Dachges- taltung sollte zudem das Mikroumfeld in den Städten, besonders aber in den histori- schen Städten berücksichtigen.

3.5.8   Sicherheit und Störfallrisiken

Die Gesundheit und die Zufriedenheit der Nutzer eines Gebäudes sollen nicht durch Unfälle, Katastrophen oder Gefahren beeinträchtigt werden. Es sollten daher Vorkeh- rungen getroffen werden, um solche Risiken so gut wie möglich zu kontrollieren, zu reduzieren bzw. zu vermeiden. Sollten solche Risiken dennoch eintreten, hat die Sicherheit der Menschen höchste Priorität.

3.5.9 Barrierefreiheit

Gebäude sollen ohne Barriere gebaut werden, damit die freie Bewegung der Nutzer ohne Beschränkungen gewährleistet wird. Die Barrierefreiheit steigert den Wert des Gebäudes und betrifft besonders Menschen mit motorischen oder sensorischen Einschränkungen.

Bei der Bewertung dieses Kriteriums wird überprüft, ob alle Menschen das Gebäude gleichberechtigt nutzen können, besonders in öffentlichen Gebäuden wie Büro- oder Verwaltungsgebäuden.

3.5.10 Flächeneffizienz

Die quantitative Nutzung von Flächen innerhalb eines Gebäudes, spiegelt die tatsächliche Flächeneffizienz wieder. Um die Flächeneffizienz optimal zu erhöhen, sollten einige Bedingungen eingehalten werden.

So sollte vor allem darauf geachtet werden, die Bau- und Betriebskosten zu senken bzw. schlecht nutzbare Flächen zu vermeiden.

3.5.11 Umnutzungsfähigkeit

Wenn das Gebäude mit geringem Aufwand intern oder extern umgestaltet werden kann, erfüllt es das Kriterium Umnutzungsfähigkeit. Die Umnutzungsfähigkeit des Gebäudes ist zurzeit erforderlich auf dem Markt, da sich die Marktsituation immer weiter verändert. Zudem verlangt die Nachhaltigkeit des Immobilienmarktes Flexibilität und Anpassungsfähigkeit.

Die Umnutzungsfähigkeit ermöglicht es dem Mieter oder Nutzer Umstrukturierungen vorzunehmen und erhöht somit den Wert des Gebäudes.

Sie wird mit folgender Checkliste[18] geprüft:

---

[18]   Vgl. [05], S.27

1. Modularität des Gebäudes.
2. Räumliche Struktur.
3. Elektro- und Medienversorgung.
4. Heizung, Wasserversorgung und Wasserentsorgung.

3.5.12 Zugänglichkeit

Öffentliche Zugänglichkeit schafft Vertrauen und fördert die Kommunikation und Gemeinschaft. Sie fördert zudem die Integration und Akzeptanz eines Gebäudes innerhalb des Stadtviertels oder der Region und trägt zur ökonomischen Nachhaltigkeit des Gebäudes bei. Daher ist es wichtig die Zugänglichkeit eines Gebäudes zu steigern. Der idealste Nutzungsbereich eines Gebäudes ist das Erdgeschoss. Dieses könnte mit anschließenden Etagen kombiniert werden. Mindestens sollte jedoch eine Nutzung im Gebäude oder auf dem Gelände zur Verfügung gestellt werden.

Ziel ist jedoch die Schaffung von mehr als einer vermietbaren Fläche mit verschiedenen Nutzungsmöglichkeiten.

3.5.13 Fahrradkomfort

Um die Umwelt zu schonen, sollte die Nutzung von Fahrrädern gefördert werden. Dies erfordert den Ausbau einer gebäudebezogenen Fahrradinfrastruktur. Mit den entsprechenden Maßnahmen kann der Fahrradkomfort und somit der Anreiz zum Fahrrad fahren erhöht werden. Dies führt dazu, dass es weniger Autofahrer gibt, was wiederum Energie spart und die Umwelt schont.

3.5.14 Sicherung der gestalterischen und Städtebaulichen Qualität im Wettbewerb

Wettbewerbe sind ideale Verfahren zu Optimierung von Qualität und Wirtschaftlichkeit. Sie sichern die städtebauliche Qualität und ermöglichen alternative und zukunftsweisende Lösungen. Diese berücksichtigen die Anforderungen an Gestaltung, Wirtschaftlichkeit, Funktionalität, Energieeinsparung und Umweltschutz. Normalerweise werden Wettbewerbe in Deutschland von einer fachkundigen Jury beurteilt, die sich bei Ihrer Beurteilung an klare, einheitliche Regeln hält. Zudem bieten Wettbewerbe dem Arbeitgeber die Möglichkeit sich für einen geeigneten Arbeitnehmer zu entscheiden.

3.5.15 Kunst am Bau

Die Kunst am Bau ist erforderlich, da die Ausdruckskraft und Qualität eines Gebäudes erhöht. Zudem trägt sie dazu bei, dass sich Nutzer mit ihrem Gebäude identifizieren können. Dieses Kriterium sollte daher unbedingt von dem Bauherrn bei dem Bau eines Gebäudes berücksichtigt werden.

3.6 Technische Qualität

3.6.1 Brandschutz

Bei Bränden kommt es immer wieder zu Todesfällen. Hauptursache dafür sind giftiger Rauch im Gebäude und nicht ausreichend getroffene Maßnahmen zur Verhinderung von Bränden. Deshalb sollte die Qualität des Brandschutzes im Gebäude unbedingt erhöht werden.

Dazu gibt es folgende Checkliste[19]

1. Verfügt das Gebäude über eine flächendeckende Brandmelde- bzw. Alarmierungsanlage, so dass im Gefahrenfall zeitnahreagiert werden kann?
2. Ist eine Sprinkleranlage vorhanden, die im Brandfall die Entwicklung des Brandes verzögert und es der Feuerwehr ermöglicht, wirksame Löschmaßnahmen bereits in einer frühen Phase eines Brandes durchzuführen?
3. Können die Lüftungsanlagen im Brandfall zur Entrauchung genutzt werden? Und schließen sie in diesem Falle einen Umluftbetrieb aus? Haben verzweigte Luftkanalnetze Schutzklappen, um eine Verteilung des Rauches über die Lüftungsanlage im Brandfall auszuschließen?
4. Wird die Rauch- und Brandausbreitung durch Verkleinerung der Brandabschnittsflächen über das geforderte Maß hinaus verhindert?
5. Wird die Rauch- und Brandausbreitung baulich über das geforderte Maß hinaus verhindert?

3.6.2 Schallschutz

Um die Qualität eines Gebäudes verbessern zu können, sollte natürlich auch der Schallschutz verbessert werden. Weitere Ziele sind u.a. Vermeidung des Konzentrati-

---

[19] Vgl. [05], S.30

onsverlustes, Wahrung des Vertraulichkeitsschutzes und Berücksichtigung von Personen mit eingeschränktem Hörvermögen.

DIN 4109 beinhaltet entsprechende Mindestanforderungen, die dazu beitragen dieses Kriterium zu erfüllen.

3.6.3 Energetische und feuchteschutztechnische Qualität der Gebäudehülle

Der Energiebedarf für die Raumkonditionierung soll minimiert werden, die thermische Behaglichkeit soll jedoch erhöht werden. Außerdem soll die wärme- und feuchteschutztechnische Qualität der Gebäudehülle optimiert werden.

Um diese zu überprüfen, steht folgende Checkliste[20] zur Verfügung:

1. Mittlerer Wärmedurchgangskoeffizient (quantitativ)
2. Wärmebrückenzuschlag (qualitativ)
3. Tauwasserbildung (qualitativ)
4. Luftwechselrate (quantitativ)

3.6.4 Reinigungs- und Instandhaltungsfreundlichkeit des Baukörpers

Um die Lebensdauer der eingesetzten Materialien in dem Baukörper zu erhöhen, sollte auf eine regelmäßige Reinigung und Instandhaltung geachtet werden. Besitzt der Baukörper eine hohe Reinigungs- und Instandhaltungsfreundlichkeit, fallen geringere Aufwendungen und somit geringere Reinigungskosten an. Deshalb sollte darauf geachtet werden, dass Materialien eingesetzt werden, die sich leicht reinigen lassen.

3.6.5 Rückbaubarkeit, Recyclingfreundlichkeit, Demontagefreundlichkeit

Jedes Gebäude hat eine bestimmte Nutzungsdauer, die bei 50 bis 100 Jahren liegt. Danach sollte das Gebäude abgebaut werden. Beim Rückbau entsteht jedoch ein großes Problem, da plötzlich eine hohe Menge an Abfällen zur Verfügung steht. Einige davon können die Umwelt negativ beeinträchtigen. Um Umweltschäden zu verringern, sollten diese Abfälle so gut wie möglich reduziert bzw. vermieden werden. Dies ist eine wichtige Zielsetzung für das nachhaltige Bauen.

---

[20] Vgl. [05], S.31

Die frühorientierte Planung des Rückbaus und das zukünftige Recycling der Bauteile erhöhen den Anteil an wiederverwendbaren Materialen und minimieren die Aufwendungen während der Demontage.

3.7 Prozessqualität

3.7.1 Qualität der Projektvorbereitung

Ein Projekt sollte optimal vorbereitet werden. Die Projektvorbereitung fängt bereits vor der Leistungsphase 1 gemäß HOAI an. In dieser Phase sollten auch die Ziele festgelegt und vereinbart werden. Die Anforderungen der Investoren und Nutzer werden ebenfalls berücksichtigt. All diese Maßnahmen führen zu einer idealen Projektvorbereitung.

3.7.2 Integrale Planung

Integrale Planung beginnt mit der Zielsetzung für das Projekt und endet mit dem Abbruch des entsprechenden Gebäudes. Die integrale Planung erfolgt durch ein qualifiziertes Team mit Berücksichtigung der Nachhaltigkeit des geplanten Projektes. Dafür ist eine gute Zusammenarbeit zwischen den Projektbeteiligten erforderlich. Dies ermöglicht eine Verbesserung der Planungsqualität und die Optimierung des Projektablaufs. Durch eine optimale Planung wiederum kann die Umwelt geschont und Energie gespart werden.

3.7.3 Optimierung und Komplexität der Herangehensweise in der Planung

Die Komplexität der Herangehensweise in der Planung soll durch zu erstellende Konzepte garantiert werden. Zudem sollte ein kontinuierlicher Vergleich der Varianten unter Berücksichtigung von ökonomischen und ökologischen Aspekten durchgeführt werden. Damit die Qualität und der Umfang der nachfolgenden Konzepte geprüft werden kann, ist folgende Checkliste erforderlich[21]:

1. SiGe-Plan
2. Energiekonzept

---

[21]   Vgl. [05], S.34

3. Wasserkonzept

4. Abfallkonzept

5. Messkonzept

6. Konzept zur Unterstützung der Umbaubarkeit, Rückbaubarkeit und Recycling-freundlichkeit

7. Konzept zur Sicherung der Reinigungs- und Instandhaltungsfreundlichkeit

8. Prüfung der Planungsunterlagen durch unabhängige Dritte über die gesetzlichen Anforderungen hinaus

9. Variantenvergleich

3.7.4 Nachweis der Nachhaltigkeitsaspekte in Ausschreibung und Vergabe

Um eine hochwertige Bauausführung zu garantieren, werden in der Phase der Ausschreibung und Vergabe entsprechende Grundlagen ausgearbeitet. Gleichzeitig sollen in dieser Phase die Anforderungen an die jeweiligen Produkte überprüft werden, um zu kontrollieren, ob diese wirklich den entsprechenden Kriterien der Nachhaltigkeit entsprechen.

Dieses Kriterium trägt somit dazu bei, dass die Funktionalität und die Qualität des Gebäudes maximiert und die Belastung der Umwelt und Gesundheit minimiert wird.

3.7.5 Schaffung von Anforderungen für eine optimale Nutzung und Bewirtschaftung

Die Dokumentationen eines Gebäudes spiegeln normalerweise die Markttransparenz, außerdem dienen sie als Grundlage für die kontinuierliche Verbesserung und Controlling in der Nutzungsphase. Die Reduzierung der Lebenszykluskosten und die Erhöhung der funktionalen Qualität eines Gebäudes können durch eine vollständige Erstellung der gebäudebezogenen Wartungs-, Inspektions- und Betriebsanleitungen geschafft werden. Außerdem dienen die detaillierten Planungen als entsprechende Grundlage für die zukünftige Modernisierung oder Instandhaltung des Gebäudes.

3.7.6 Baustelle/Bauprozess

Normalerweise entstehen auf einer Baustelle viele Bauabfälle wie z.B. Steine, Eisen, Bauschutt und Altholz. Diese Bauabfälle sind entweder wieder verwertbare Abfälle oder nicht verwertbare Abfälle. Letztere müssen mit entsprechenden Maßnahmen beseitigt werden, damit die Umwelt nicht belastet wird.

Zudem kommt es auf einer Baustelle zu einer hohen Lärmeinwirkung. Der hohe Lärmpegel schädigt die Gesundheit der Bewohner in der Umgebung, besonders in der näheren Umgebung. Daher soll die Lärmeinwirkung durch entsprechende Maßnahmen so gut wie möglich reduziert werden. Ein weiteres Problem auf einer Baustelle ist die Entstehung von Staub, der ebenfalls die Gesundheit bedroht. Deshalb sollten Bauherren entsprechende Maßnahmen ergreifen, um die Staubemissionen auf der Baustelle zu minimieren.

3.7.7 Qualität der ausführenden Unternehmen/Präqualifikation

Damit der Projektablauf reibungslos und optimal durchgeführt werden kann, sollte die Auswahl der Bauunternehmer und Baufirmen nach ihren Eigenschaften und Qualifikationen stattfinden.

Die Auswahl und Bewertung jedes Bauunternehmens erfolgt durch Präqualifikation. Diese präsentiert u.a. die Qualifikation, Leistungsfähigkeit und Fachkunde des Bauunternehmens gegenüber privaten oder öffentlichen Auftraggebern. Durch die Zusammenarbeit mit einer Präqualifikation-zertifizierten Bauunternehmung hat der Auftraggeber die Möglichkeit, eventuelle Risiken, wie z.B. eine Insolvenz des beteiligten Unternehmens, zu reduzieren.

3.7.8 Qualitätssicherung der Bauausführung

Der geplante Ausführungsprozess eines Projektes muss immer Schritt für Schritt kontrolliert und bewertet werden. Nur so lassen sich Risiken oder Mängel vermeiden.

Zudem kann der Ausführungsablauf korrigiert werden wenn er abweicht. Die Qualitätssicherung der Ausführung erfolgt über die Dokumentation und die Messung.

1. Dokumentation ist das wichtigste Instrument für die Auflistung der verwendeten Materialen und Baustoffe. Sie dient ebenfalls als Grundlage für die Qualitätskontrolle.
2. Für dieses Kriterium gibt es ebenfalls verschiedene Messverfahren. Die wichtigsten sind jedoch die energetische Messung und die Bauakustische Messung.

3.7.9 Systematische Inbetriebnahme

Die technischen Anlagen in dem entsprechenden Gebäude benötigen eine regelmäßige Instandhaltung oder eine kontinuierliche Überwachung. Nur dann können sie langfristig und effizient funktionieren. Deshalb ist es nötig eine Inbetriebnahme systematisch zu planen. Zuerst wird der Zustand der technischen Anlagen dokumentiert. Dann können die Nutzer des Gebäudes die technischen Anlagen einregulieren und nachjustieren. Die erste Kontrolle der technischen Anlagen erfolgt 10 bis 14 Monate nach deren Abnahme.

3.8 Standort Qualität

3.8.1 Risiken am Mikrostandort

Am Standort können viele Risiken auftreten, die entweder von der Natur oder von Menschen verursacht werden. Zu den von der Natur verursachten Risiken gehören z.b. Erdbeben, Sturm und Hochwasser. Von Menschen verursachte Risiken sind z.b. Unfälle oder Anschläge. Diese Risiken haben einen starken Einfluss auf die Gebäude in der jeweiligen Region. Aus diesem Grund muss vor dem Bau eines Gebäudes eine Standortanalyse durchgeführt werden. Je niedriger die Risikogefahr, desto höher ist die Standortqualität.

3.8.2 Verhältnisse am Mikrostandort

Dieses Kriterium umfasst alle Verhältnisse in der Umgebung des Gebäudes, die Einfluss auf die Standortqualität haben. Dazu zählen u.a. Außenluftqualität, Außen-lärmpegel und elektromagnetische Felder. Das Verhältnis zwischen der Standortqualität und diesen Ereignissen ist umgekehrt proportional d.h. wenn der Einfluss der Verhält-nisse auf den Standort gering ist, dann ist die Standortqualität hoch.

3.8.3 Image und Zustand von Standort und Quartier

Die Standortqualität ist abhängig von dem Image und dem Zustand des Quartiers.
Für die Nutzer eines Gebäudes ist nicht nur die Funktionalität des Standortes entschei-dend, sondern auch dessen Sicherheit. In Deutschland wird die Kriminalität daher als Aspekt für die Nachhaltigkeit berücksichtigt. Je weniger Kriminalität es im Quartier gibt, desto höher ist die Sicherheit und die Qualität des Standortes.

Dies wiederum führt zu einem besseren Image und zu einer erfolgreicheren Vermarktung des Standortes.

3.8.4 Verkehrsanbindung

Die Qualität des Standortes eines Gebäudes ist abhängig von der Verkehrsanbindung mit privaten und öffentlichen Verkehrsmitteln wie z.b. Bus, Straßenbahn, Zug oder Taxi. Außerdem sollte sich der Standort in der Nähe von Autobahnen oder Hauptstraßen befinden. Dies verbessert enorm die Vermarktung eines Gebäudes. Damit die Nutzer des Gebäudes neben den öffentlichen Verkehrsmitteln eine zusätzliche Möglichkeit des Transports nutzen können, sollten zudem Radwege und Radstellplätze gebaut werden.

3.8.5 Nähe zu nutzungsspezifischen Einrichtungen

Nutzungsspezifische Einrichtungen sind u.a. Parks, Freizeitplätze, Nahversorgung, Krankenhäuser. Sie sollten für den Nutzer des Gebäudes oder deren Besucher schnell erreichbar sein, damit die Nutzer eines Gebäudes ihre freie Zeit in diesen Parksens verbringen können.

3.8.6 Anliegende Medien/Erschließung

Für die Auswahl eines geeigneten Gebäudestandortes ist es erforderlich alle Erschließungsmöglichkeiten zu begutachten. Zu den Erschließungsmöglichkeiten gehören u.a. Trinkwasser, Abwässer, Stromversorgung und Medienanschlüsse.

Es sollte geprüft werden inwieweit diese Erschließungsmöglichkeiten am Standort verfügbar sind und ob sie sich problemlos erweitern bzw. nutzen lassen.

Je mehr Erschließungsmöglichkeiten vorhanden sind, desto höher ist die Qualität des Standortes und dessen Vermarktungspotenzial.

3.9 Steckbriefe des Systems

Wie schon in diesem Kapitel unter der Abschnitt 3.1 erwähnt wurde, muss der Bauherr zuerst seine Immobilie oder sein Objekt bei DGNB registrieren lassen. Er erhält daraufhin ein Vorzertifikat. DGNB prüft die Eigenschaften und Dokumentationen dieses Objektes und erteilt dem Bauherrn daraufhin das entsprechende Deutsche Gütesiegel Nachhaltiges Bauen.

Dafür hat DGNB die Steckbriefe für die Kriterien veröffentlicht, damit der Auditor jedes Kriterium nach dem entsprechendem Steckbrief prüfen zu können. Die gesamten Punkte aus den Steckbriefen ergeben ein Zertifikat.

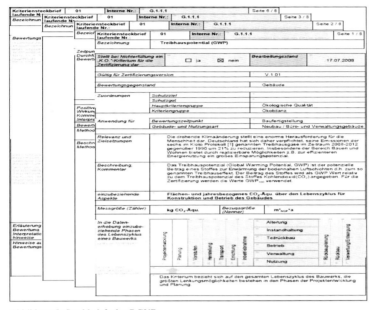

Abbildung 8: Steckbriefe der DGNB

Jeder Steckbrief umfasst 3 Bereiche der Angaben:

1. Systemrelevante Angabe:

    1.1. Der Titel des Steckbriefs

    1.2. Ob das Kriterium K.O. oder nicht

    1.3. Zertifizierungsversion

    1.4. Anwendung für Gebäude/Nutzungsart

    1.5. Schutzgut/Schutzziel

    1.6. Zuordnung Haupt Kriterien-Gruppe

2. Bewertungsbezogene Angaben

    2.1. Relevanz/Zielsetzung

    2.2. Einzubeziehende Planungsphasen

Alle Schrittpunkte werden sorgfältig von DGNB ausgefüllt, dann kriegt jedes Kriterium einen erzielten Wert, der dann gewichtet wird. Als Gesamtnote steht für die Summe der Werten jeder Kriterien-Gruppe, die ein von der dreien deutschen Gütesiegeln passt: Gold, Silber oder Bronze.

4   Leadership in Energy and Environmental Design

4.1   Entwicklung von LEED

Sustainable development oder die nachhaltige Entwicklung hat in den Literaturen verschiedene Definitionen, die sich von Autor zum anderem ändern. Aber die meist bekannteste Definition (Brundtland Commission, 1987) davon ist „Die Entwicklung, die die Bedürfnisse der Gegenwart trifft ohne Kompromisse auf Fähigkeiten zukünftiger Generationen ihre eigenen Bedürfnisse zu treffen"[22].

In den letzten zehn Jahren hat sich die Nutzung dieses Konzeptes „sustainability" in United States für die Immobilien als sustainable construction verbreitet, daraus ist green Building hervorgetreten. Green Building bezeichnet als gesunde Fazilität, die im Bezug auf die Ressourcen-Effizienz Methode mit den ökologischen begründeten Grundsätzen gegründet wurde[23].

Die LEED - Standards (Leadership in Energy and Environmental Design) sind Maßstäbe für eine nachhaltige Bauweise, die in den Vereinigten Staaten entwickelt wurde und in 40 weltweit verteilten Ländern eingesetzt wird. Die LEED- Standards wurden von USGBC (US Green Building Council) in Zusammenarbeit mit kanadischen und amerikanischen Unternehmen und Hochschulforschern entwickelt und erläutern die Anforderungen für den Bau von umweltfreundlichen Gebäuden.

Diese müssen die Fähigkeit besitzen, auf nachhaltige und von der Energiezufuhr unabhängige Weise zu "funktionieren". Zusammenfassend handelt es sich um ein Rating-System (Green Building Rating System) für die Entwicklung "ökologischer" Gebäude. Die Organisation, die die LEED- Standards bestimmt und fördert, ist der 1993 gegründete Non-Profit-Verband US Green Building Council, dem mittlerweile über 11.000 Mitglieder angehören. Außer seiner "technischen" Rolle hat USGBC die Aufgabe, die Allgemeinheit zu informieren und zu sensibilisieren und sie auf die Anwendung einer umweltfreundlichen Bauweise hinzuweisen.

LEED zeichnet sich durch ein extrem flexibles und gegliedertes System aus, welches verschiedene Formulierungen für neue Bauwerke (NC, New Construction and Major

---

[22]   Vgl. [06], S.1
[23]   Vgl. [07], S.9

Renovations), bereits bestehende Gebäude (EB, Existing Buildings), Schulgebäude (LEED for Schools) und kleine Wohnhäuser (LEED Homes)[24] vorsieht, wobei stets das Grundprinzip der jeweiligen Bereiche bestehen bleibt.

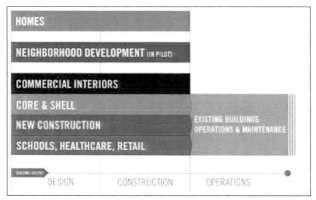

Abbildung 9: Die Nutzungsbranche von LEED[25]

4.2 USGBC LEED Rating System

LEED Rating System für den Neubau und Renovierung des Gebäudes hat verschiedene Versionen des Zertifizierungssystems, die durch USGBC immer weiter entwickelt, diese Versionen[26] sind:

- Version 2 wurde im Juni 2001 veröffentlicht und fokussiert auf die Innenarchitektur, Anforderungen, Technologien und Strategien für jedes Kredit der Themenfelder.

- Version 2.1 wurde im November 2002 veröffentlicht und fokussiert auch auf die Innenarchitektur, Anforderungen, Technologien und Strategien für jedes Kredit der Themenfelder, aber für den Neubau und Renovierung des Gebäudes.

- Version 2.2 oder LEED-NC wurde im Oktober 2005 veröffentlicht und fokussiert auch auf die Innenarchitektur, Anforderungen, Technologien und Strategien für jedes Kredit der Themenfelder, aber für den Neubau und Renovierung des Gebäudes.

---

[24] Vgl. [06], S.7
[25] Vgl. [URL6]
[26] Vgl. [URL7]

- Version 3 wurde im April 2009 veröffentlicht und umfasst eine Entwicklung von LEED für die neue Konstruktion und Renovierung. Diese Version 3 wurde durch Green Building Design and Construction Reference guide entwickelt.

- LEED for Multiple Buildings Rating-System ist bei der Anwendung der Einstellung für neue Bau-Projekte in einem Campus oder Multi-Gebäude wie Corporate Hochschulen, Universitäten und staatlichen Einrichtungen verwendet (d.h. ein einzelner Eigentümer oder gemeinsame Vermögensverwaltung).

Das System stützt sich auf die Verteilung von Punkten (69 Punkte für alle Themenfelder) für die jeweils verlangten Bedingungen für die Nachhaltigkeit eines Gebäudes. Die Summe der Punkte ergibt das erreichte Zertifizierungsniveau.

Die Zertifizierungsniveaus[27] sind:

- Zertifiziert: 26 – 32 Punkte
- Silber: 33 – 38 Punkte
- Gold: 39 – 51 Punkte
- Platin: 52 – 69 Punkte

Abbildung 10: Die LEED Gütesiegel [28]

4.3 Die Themenfelder des Zertifizierungssystems

Die jeweiligen Kriterien sind in sechs Kategorien unterteilt, welche zwingende Vorbedingungen und eine bestimmte Anzahl umweltschonender Leistungen vorsehen, die zusammen das Endergebnis der verliehenen Punkte eines Gebäudes bestimmen:

---

[27] Vgl. [06], S.9
[28] Vgl. Peter Mösle, Green Building Seminar (2008)

Nachhaltige Standorte (1 Vorbedingung – 14 Punkte): die LEED-zertifizierten Bauwerke müssen einem Entsorgungsplan entsprechend gebaut werden, der die Produktion von Abfällen reduziert und die Verwendung von recyceltem oder örtlich hergestelltem Material vorsieht.

Wassereffizienz (5 Punkte): das Vorhandensein von Wassersammelsystemen für Regenwasser oder von Wasserhähnen mit Druckreglern muss die bestmögliche Effizienz für den Wasserverbrauch gewährleisten.

Energie und Atmosphäre (3 Vorbedingungen, 17 Punkte): Durch die optimale Verwendung erneuerbarer und aus örtlichen Vorkommnissen stammender Energie können die Energiekosten der Gebäude auf bedeutsame Weise gesenkt werden. In den Vereinigten Staaten stoßen LEED- Bauwerke jährlich 350 metrische Tonnen Kohlendioxid weniger in die Atmosphäre aus als herkömmliche Gebäude, wodurch eine Ersparnis von 32 % Strom erreicht wird.

Materialien und Ressourcen (1 Vorbedingung – 13 Punkte): Gebäude, die mit natürlichen, erneuerbaren und örtlich hergestellten Materialien wie zum Beispiel Holz gebaut wurden, erhalten im LEED- Zertifizierungssystem eine höhere Punktzahl.

Qualität der Innenräume (2 Vorbedingungen - 15 Punkte): Die Innenräume des Gebäudes müssen so geplant werden, dass ein wesentlicher Gleichstand des Energiehaushalts ermöglicht und der äußerste Wohnkomfort für den Endverbraucher gefördert wird.

Planungsprozess und Innovation (5 Punkte): Der Einsatz verbesserter Bautechnologien im Vergleich zur bereits bestehenden so genannten Best Practice gilt als Wert steigerndes Element für die LEED-Zertifizierung.

Jedes Themenfeld in LEED besitzt entweder Anforderungen oder keine. Zusätzlich besitzt es auch Kriterium. Die Kriterien ergeben gesamte Punkte, die für das Zertifizierungsniveau notwendig sind.

4.4 Nachhaltiger Standort

Das nachhaltige Standort-Kriterium von LEED besteht aus einer einzigen Anforderung und acht Kredite, die zusammen als maximale Punkte nur 14 Punkte erreichen.

4.4.1 Die einzige Anforderung

Fordert zur Vermeidung der Umweltverschmutzung durch die Bautätigkeiten. Diese Vermeidung und Verringerung der Verschmutzung erfolgt durch die kontinuierliche Kontrolle der Bodenerosion, Ablagerung durch Wasser oder Staubbildung der Luft. Die Kontrolle geht durch die Erstellung und Umsetzung der Erosion und Sedimentation Planes für alle Bauaktivitäten im Zusammenhang mit dem Projektablauf, zudem muss dieser Plan den Anforderungen der Erosion und Sedimentation Standards und Codes in USA angepasst werden.

4.4.2 Kriterium 1, Auswahl des Standortes; 1 Punkt

Das Ziel dieses Kredits versucht die Auswahl des unangemessenen Standortes des Gebäudes zu vermeiden, und die Belastung auf die Umwelt durch die Dichte der Gebäude zu verringern.

Deshalb gibt es Ansätze der Anforderungen, die die Herstellung von Gebäuden, Straßen oder Parkplätzen auf Teile der Gebiete beschränken. Die Herstellung ist verboten auf[29]:

- Haupt Bauernhof im Sinne des United States Abteilung von Agrikultur in den Vereinigten Staaten von Code Federal Regulations, Titel 7, Band 6, Teil 400 bis 699, § 657,5 (Zitat 7CFR657.5).

- Bisher unbebaute Grundstücke, deren Höhe geringer als 5 Meter über die Höhe des Hochwassers für die Betrachtungszeit von 100 Jahre, im Sinne der FEMA (Federal Emergency Management Agency).

- Grundstück, das speziell als Lebensraum für alle Arten ist.

- Innerhalb von 100 Fuß jeder Feuchtgebiete im Sinne von United States Code of Federal Regulations 40 CFR, Teile 230-233 und Teil 22, und isolierten Gebieten

---

[29] Vgl. [06], S.32

oder Feuchtgebiete von besonderer Bedeutung, die von staatlicher oder örtlicher Regel definiert wurden, oder in Entfernungen von Feuchtgebieten, die in staatlichen oder örtlichen Vorschriften erwähnt wurden.

- Bisher unbebaute Grundstücke, die 15 Meter von einer Wasserstelle, wie zum Beispiel Meere, Seen, Flüsse oder Bäche usw. entfernt sind, die jede Lebensart unterstützt.

- Land, das vor dem Erwerb ein öffentlicher Park war, außer dem Land des gleichen oder höheren Wertes als Park, das von öffentlichem Grundeigentümer zum Verkaufen erlaubt wird.

Schließlich, die Wahl eines Standortes des Gebäudes muss die oben genannten Kriterien berücksichtigen und die Belastung der Umwelt vermeiden.

4.4.3 Kriterium 2, Entwicklung der Gemeinschafts-Dichte und Verbundenheit; 1 Punkt

Als Hauptaufgabe ist die Entwicklung der städtischen Gebiete mit vorhandener Infrastruktur, Schutz der Grünflächen und der natürlichen Ressourcen. Deshalb sind manche Anforderungen nötig zu beschaffen, die sind:

- Option 1 - Entwicklung der Dichte:

Bauen oder renovieren auf einem zuvor entwickelten Standort oder Gebiete mit einer Mindest-Dichte von 60.000 Quadratmeter pro Hektar netto.

- Option 2 - Gemeinschaftsrechtliche Konnektivität:

Bauen oder Renovieren auf einem zuvor entwickelten Standort, der innerhalb 0,8 km davon eine Wohn-Zone oder Nachbarschaft mit einer mittleren Dichte von 10 Einheiten pro Hektar Netto umfasst, und auch innerhalb von 0,8 km von mindestens 10 Dienstleistungsstellen mit Fußgänger-Zugang zwischen dem Gebäude und der Dienstleistungsstelle.

Als Dienstleistungsstellen[30] gehören z.B.:

1) Bank, 2) Ort der Anbetung, 3) Lebensmittel Märkte, 4) Reiniger, 6) Feuerwehr Station; 8) Park; 9) Wäscherei; 10) Bibliothek; 11) Medical / Dental,12) Pharmazie; 13) Restaurant; 14) Schulen; 15) Museum usw.

---

[30] Vgl. [06], S.34

4.4.4 Kriterium 3, Neuerschließung von brachliegenden Flächen; 1 Punkt

Unter diesem Kredit versteht man die Sanierung von beschädigten Stellen des Grundstücks, deren Sanierung aufgrund von auftretender Umweltverschmutzung komplex ist. Also ist das Ziel des Kredits eine Reduzierung der Umweltverschmutzung.

4.4.5 Kriterium 4.1 – Alternative Verkehrsmittel-Öffentliche: 1 Punkt

Ziel ist die Reduzierung der Verschmutzung und Staubbildung von Automobil-Nutzung durch die Auswahl des Standortes innerhalb von 0,8 km von Bahnhöfen oder U-Bahn Stationen oder durch die Auswahl des Standortes innerhalb von 0,4 km von einer oder mehreren Haltestellen, damit die öffentlichen Verbindungsmöglichkeiten so nah wie möglich zur Verfügung stehen.

4.4.6 Kriterium 4.2 – Alternative Verkehrsmittel – Fahrrad und Umkleideräume; 1 Punkt

Ziel ist die Reduzierung der Umweltverschmutzung von Automobil-Nutzung und Steigerung der Fahrrad-Nutzung. Deshalb ist es während der Planung eines Gebäudes erforderlich, Fahrrad-Stehplätze oder Duschen-/Umkleidungsräume mit einzuplanen. Dieser Kredit unterscheidet zwischen den kommerziellen und institutionellen Gebäuden und Wohngebäuden.

- Für kommerzielle und institutionelle Gebäude sollen Fahrradständer und/oder Fahrradlagerung (innerhalb von 182 Meter eines Gebäudeeingangs) für 5% oder mehr aller Benutzer eines Gebäudes geplant werden. Zusätzlich sollen auch Dusch-/Umkleideräume entweder im Gebäude oder innerhalb von 182 Meter eines Gebäudeeinganges geplant werden.

- Für Wohngebäude sollen Fahrradabstellplätze und/oder Fahrradlagerungen für 15% oder mehr aller Bewohner geplant werden.

4.4.7 Kriterium 4.3 – Niedrige Emissions- und Kraftstoffsparende Fahrzeuge; 1 Punkt

Ziel ist die Reduzierung der Umweltverschmutzung von Automobil-Nutzung. Die Anforderungen dazu sind auf 3 Optionen verteilt:

- Option 1: Der Anteil von niedrige Emissions- und Kraftstoffsparende Fahrzeuge soll mindestens 3% der gesamten Fahrzeuge, außerdem sollen vorgezogene Parkplätze dafür gegeben werden.
- Option 2: Zuteilung von bevorzugten Parkplätze für die niedrige Emissions- und Kraftsparende Fahrzeuge für 5% der gesamten Kfz-Parkmöglichkeiten.
- Option 3: Installation der alternativen Tankstellen für 3% der gesamten Kfz-Parkplatz Kapazität auf dem Standort.

4.4.8 Kriterium 4.4 – Alternativer Transport- Kapazität der Parkplätze; 1 Punkt

Ziel ist die Reduzierung der Umweltverschmutzung von privater Automobil-Nutzung und Beschränkung der Größe von Parkplätzen oder Garagen, die nur das angrenzende Gebäude davon passen. Deshalb sind folgende Optionen nötig:

- Option 1 (nicht Wohngebiet): Große Parkmöglichkeiten zu finden, die aber nicht die Notwendigkeit für die lokalen Gebäude überschreiten, andererseits die bevorzugten Parkplätze für Fahrgemeinschaften wie Busse für mindestens 5% der gesamten Parkplätze zur Verfügung zu stellen.
- Option 2 (nicht Wohngebiet): wenn die Parkplätze weniger als 5% der Notwendigkeit der Bewohner in den Spitzenzeiten sind, sollen bevorzugte Parkplätze für Fahrgemeinschaften wie Busse für mindestens 5% der gesamten Parkplätze zur Verfügung gestellt werden.
- Option 3 (Wohngebiet): Die Kapazität der Parkplätze soll die lokale Notwendigkeit der Parkplätze im Wohngebiet nicht überschreiten. Außerdem soll die Infrastruktur zur Erleichterung der gemeinsamen Nutzung der Fahrzeuge wie z.B. Busse, Schulbusse, Dienstbusse usw. bereitgestellt werden.
- Option 4 (Alle Arten): Keine neuen Parkplätze zur Verfügung stellen.

4.4.9 Kriterium 5.1 – Entwicklung des Standortes – Schutz oder Wieder-herstellung eines Lebensraums; 1 Punkt

Das Ziel ist die Erhaltung der bestehenden natürlichen Flächen und Wiederherstellung der beschädigten Flächen, damit die biologische Vielfalt erhalten bleibt.

Die Anforderung dazu:

- Option 1: Auf den grünen Feldern sollen alle Störungskategorien innerhalb von 12 Metern hinter dem Gebäude, oder innerhalb von 3 Metern über die Oberfläche von Gehweg, Terrasse oder Parkplatz, oder innerhalb von 4,5 Metern hinter den wichtigsten Fahrbahnen, oder innerhalb von 7,6 Metern über die primäre durchlässige Fläche beschränkt werden.

- Option 2: Auf dem zuvor entwickelten Standort soll die Wiederherstellung oder der Schutz von mindestens 50% des Standortes mit einheimischen oder angepassten Pflanzen durchgeführt werden.

4.4.10 Kriterium 5.2 – Entwicklung des Standortes-Maximierung der Freiflächen; 1 Punkt

Als Ziel steht ein hohes Verhältnis von Freiflächen für die Entwicklung der biologischen Vielfalt zu fördern. Deshalb gibt es Ansätze der Anforderungen, die sind:

- Option 1: Reduzierung der Entwicklung von Footprint[31] (Footprint ist die Gesamtfläche von Gebäuden, zwischen Fußgänger-Zone, Parkplatz und Zufahrten) und/oder Maximierung der Größe von vegetierter Freifläche mit den Zonengrenzen, um die lokalen vegetierten Freiplätze um 25% zu maximieren.

- Option 2: Für Gebiete ohne lokale Zonengrenzen wie z.B. Universitäten oder Militär-Zonen werden die vegetierten Freiflächen in der gleichen Größe zu Footprint eines Gebäudes geplant.

- Option 3: Die Zonengrenzen sind ohne Anforderungen für die Freifläche (Null) gefordert, deshalb soll die vegetierte Freifläche mindestens 20% im Vergleich zu der gesamten Projektgröße betragen.

---

[31] Footprint ist englischer Begriff, der in LEED-NC 2.2 benutzt wurde. Footprint bedeutet das Grundstück

4.4.11 Kriterium 6.1 – Sturmwasser Design- quantitatives Controlling; 1 Punkt

Das Ziel ist die Beschränkung der Zerstörung von Sturmwasser durch die Reduzierung der undurchlässigen Deckung, und Erhöhung der am Ort Durchdringung und Reduzierung oder Beseitigung der Verschmutzung von Regenwasser.

Die Anforderungen dazu sind:

- Fall 1 - Vorhandene Undurchdringlichkeit weniger oder gleich als 50%: Durchführung von Regenwasser-Management-Plan, der das Spitze-Entlastungs- Verhältnis der vergangenen Entwicklung und die Menge des Spitze-Entlastungs- Verhältnis der letzten Entwicklung verhindert. Außerdem plant er die Menge für das erste und zweite Jahr 24-Stunden-Design.

Oder

Durchführung von Regenwasser-Management-Plan zum Schutz der Regenwasser-Kanäle von Erosion durch Durchführung einer Strom-Kanal-Strategie und quantitativen Strategie.

Oder

- Fall 2 - Vorhandene Undurchdringlichkeit mehr als 50%: Durchführung eines Regenwasser-Management-Plans, welcher die Undurchdringlichkeit des Regenwassers um 25% innerhalb von 2 Jahren vermindert.

4.4.12 Kriterium 6.2 – Sturmwasser Design- qualitatives Controlling; 1 Punkt

Das Ziel ist die Beschränkung der Störung und die Verschmutzung von Regenwasser durch das Management des Regenwasser-Abflusses.

Die Anforderungen sind:

Umsetzung eines Regenwasser-Management-Planes für die Senkung undurchlässiger Abdeckung oder Behandlung von ca. 90% des durchschnittlichen jährlichen Regenwassers durch Best Management Practices (BMPs)[32]. BMPs muss in der Lage sein, ca. 80% der jährlichen durchschnittlichen Entwicklung der Regenwasser-Qualität durch die bestehende Berichte zu analysieren.

---

[32] BMPs ist ein strukturelles Management, das die Qualität von Regenwassersablauf verbessert.

4.4.13 Kriterium 7.1 – Warme Insel Wirkung[33] – Ohne Deckung; 1 Punkt

Reduzierung der Warme Insel Wirkung, um die Belastung auf das Mikroklima, Menschen und Tiere zu minimieren.

Die Anforderungen dafür sind:

- Option 1: Erschaffung einer Kombination der folgenden Kriterien für 50% der Flächen in der Umgebung eines Gebäudes (wie Gehwege, Höfe, Parkplätze usw.):
  - Schattierung (für 5 Jahre berechnet)
  - Pflaster-Steine z.b. für Gehwege mit Solar Reflektion Index (SRI)34 von mindestens 29
  - Offenes Gehsteig-System
- Option 2: Mindestens 50% der Parkplätze sollen unter den Abdeckungen gedeckt werden, außerdem jedes Dach davon ein SRI von mindestens 29 haben.

4.4.14 Kriterium 7.2 – Warme Insel Wirkung – Mit Deckung; 1 Punkt

Reduzierung der Warme Insel Wirkung, um die Belastung auf das Mikroklima, Menschen und Tiere zu minimieren.

Die Anforderungen dafür sind:

- Option 1: Verwendung der Dachdeckungsmaterialen für mindestens 75% der Dachfläche mit einer Solar Reflektion Index (SRI), die gleich oder größer als die Werte in der unteren Tabelle[35] ist.

Gestaltung des Daches	Neigung	SRI
Wenige Neigung	<= 2V:12H	78
Starke Neigung	> 2V:12H	29

Tabelle 1: SRI-Werte nach der Gestaltung des Daches

---

[33] Warme Insel Wirkung oder Heat Island effect bedeutet, dass eine Region wärmer als die Umgebung ist.
[34] SRI bezeichnet die Menge der Solar-Reflektion von den Flächen
[35] Vgl. [06], S.73

Oder

- Option 2: Verwendung des vegetierten Daches für mindestens 50% der Dachfläche.

Oder

- Option 3: Verwendung der hohen Albedo-, vegetierten Dachfläche, die folgendes Kriterium erfüllt:

(Raum der SRI Dach / 0,75) + (Raum der vegetierte Dach / 0,5)> = Total Dachfläche

4.4.15 Kriterium 8 – Verringerung des schädlichen Lichtes; 1 Punkt

Das Ziel ist die Minimierung der Lichtübertragung vom Gebäude und Verbesserung der Sichtbarkeit nachts in den Städten, und Verringerung der negativen Auswirkung auf den nächtlichen Lebensraum in der Umgebung.

Deshalb sind die nächsten Anforderungen erforderlich:

- Für die innere Beleuchtung:
  - Die Richtung der Beleuchtungsstrahlung im Gebäude muss so orientiert werden, dass sich keine Beleuchtungsstrahlung nach außen verbreitet.

Oder

  - Alle Nicht-Notfall-Innenbeleuchtungen im Gebäude müssen automatisch während den Arbeitszeiten ausgeschaltet werden. Und

- Für Außenbeleuchtungen:
  - Nur die Lichter beleuchten, die für Sicherheit oder Komfort dienen. Der Energieverbrauch der Beleuchtung für den Außenbereich soll nicht mehr als 80% der Leistungsdichte überschreiten, und für die Fassaden und die Landschaft in der Umgebung mit nicht mehr als 50% der Leistungsdichte im Sinne von ASHRAE / IESNA Standard 90.1-2004.

4.5 Effizienz von Wasser

4.5.1 Kriterium 1.1 – Effizientes Wasser für die Landschaft – Reduzierung um 50%; 1 Punkt

Das Ziel ist die Einschränkung oder die Reduzierung der Verwendung von Trinkwasser, natürliche Oberflächlichen- oder Grundwasserressourcen, die im Ort oder nah vom Projekt sind, und nicht mehr für die Bewässerung der Landschaft verwendet werden.

Diese Reduzierung des Trinkwasserverbrauches soll mindestens um 50% reduziert werden. Außerdem soll sie für folgende Bereiche als Kombination durchführt werden:

- Vegetierte Felder
- Effizienz der Bewässerung
- Nutzung des gesammelten Regenwassers
- Nutzung des wiederverwerteten Abwassers
- Nutzung des Wassers, das durch eine spezielle öffentliche Agentur behandelt wird.

4.5.2 Kriterium 1.2 - Effizientes Wasser für die Landschaft – Kein Trink-wasser verwenden oder nicht bewässern; 1 Punkt zusätzlich zu Kredit 1.1

Das Ziel ist die Einschränkung oder die Reduzierung der Verwendung von Trinkwasser, natürliche oberflächliche oder tiefe Wasserressourcen, die im Ort oder nah vom Projekt sind und nicht mehr für die Bewässerung der Landschaft verwendet werden.

Die Anforderung dazu ist:

Der oben genannte Kredit 1.1 soll erfüllt werden, zusätzlich auch:

- Verwendung zur Bewässerung der Felder nah dem Projekt durch nur gesammeltes Regenwasser, wieder verwertbares Abwasser, oder Wasser, das durch eine spezielle öffentliche Agentur behandelt wird. Oder
- Installation eines landschaftlichen Gartensystems, ohne ständige Bewässerung.

4.5.3 Kriterium 2 - Innovierte Abwasser-Technologie; 1 Punkt

Die Reduzierung der Erzeugung von Abwasser und Minimierung der Trinkwassernach-frage stellt das als Hauptziel dieses Kredits dar, besonders während der Erhöhung der lokalen Grundwasser.

Als Anforderungen sind folgende 2 Optionen zu erfüllen:

- Option 1: Reduzierung des Verbrauchs von Trinkwasser im Gebäude für die Reini-gung oder Verwendung in den Toiletten um ca. 50% durch die Nutzung von Wasser-Erhaltung Vorrichtungen wie z.B. Urinale
- Option 2: Behandlung von ca. 50% des Abwassers im Ort durch Filterung.

4.5.4 Kriterium 3.1 – Reduzierung des verwendeten Wasser – Reduzierung um 20%; 1 Punkt

Maximierung der Effizienz vom Wasser im Gebäude, um die Belastung auf die Wasserversorgung und Abwassersysteme zu reduzieren.

Die Anforderungen sind:

Die Strategie davon fordert 20% weniger Wasserverbrauch als den gesamt berechneten Wasserverbrauch für das Gebäude im Vergleich zum Base-plan (ohne Bewässerung) laut dem Energy Policy Act von 1992 fixture Leistungsanforderungen.

Der kalkulierte Wasserverbrauch für den Base-Plan basiert auf der Benutzung folgender Vorrichtungen wie z.B. Toiletten, Urinale, WC-Armaturen, Duschen und Spülbecken.

4.5.5 Kriterium 3.2 – Reduzierung des verwendeten Wassers – Reduzierung um 30%; 1 Punkt

Maximierung der Effizienz vom Wasser im Gebäude, um die Belastung auf die Wasserversorgung und Abwassersysteme zu reduzieren.

Die Anforderungen sind:

Die Strategie davon fordert 30% weniger Wasserverbrauch als der gesamt berechnete Wasserverbrauch für das Gebäude mit dem Base-plan (ohne Bewässerung) laut dem Energy Policy Act von 1992 fixture Leistungsanforderungen.

Der kalkulierte Wasserverbrauch für den Base-Plan basiert auf der Benutzung folgenden Vorrichtungen wie z.B. Toiletten, Urinale, WC-Armaturen, Duschen und Spülbecken.

4.6 Energie und Atmosphäre

4.6.1 Die erste Anforderung: Grundrechte-Inbetriebnahme vom Energie-System des Gebäudes

Das Energie-System im Gebäude soll nach den Anforderungen des Eigentümers installiert, kalibriert und geführt werden. Dieser Prozess führt zu den Ansätzen der Vorteile wie z.B. Reduzierung des Energieverbrauches, Senkung der Betriebskosten, Minimierung der Rückruf vom Auftragnehmer, Überprüfung der Systems-Eigenschaften und Anpassung des Systems mit den Eigentümeranforderungen.

Um das Energie-System Inbetriebnahme zu bringen, müssen folgenden Anforderungen durch das Inbetriebnahme-Team in Bezug auf LEED-NC geregelt werden[36]:

- Eine Autorität der Inbetriebnahme ist zu führen, überprüfen und überwachen, um davon die Fertigstellung zu Stande zu bringen.

- Die Autorität der Inbetriebnahme soll eine Erfahrung mit der dokumentieren Inbetriebnahme für mindestens 2 Projekte haben.

- Die Autorität der Inbetriebnahme soll unabhängig vom Projektablauf oder der Bau-Verwaltung sein.

- Die Autorität der Inbetriebnahme berichtet die Ergebnisse und die Empfehlungen direkt an dem Eigentümer.

- Falls das Projekt kleiner als ca. 4650 m^2 ist, kann die Autorität der Inbetriebnahme qualifizierte Personen, die die erforderlichen Anforderungen bringen können, berufen.

- Der Eigentümer kann die Anforderungen des Projektes dokumentieren. Das Design-Team kann die Grundlage des Designs entwickeln. Die Autorität der Inbetriebnahme überprüft die Projektdokumente. Der Eigentümer und das Design-Team sind verantwortlich für die Übereinstimmung der Dokumente mit den Projektanforderungen.

- Entwicklung der Inbetriebnahme für die Projektdokumente

- Entwicklung und Umsetzung eines Inbetriebnahme-Plans

- Überprüfung der Installation und der Leistung des Systems

- Erstellung von integralen Inbetriebnahme-Dokumenten

4.6.2 Die zweite Anforderung: Wenige Energieeffizienz

Minimierung des Verbrauches von der Energie für die geplanten Gebäude und Anlagen. Die Anforderungen fordern deshalb eine Erstellung des Projektes, die den folgenden Punkten zupassen:

- Die Bestimmungen (§ § 5.4, 6.4, 7.4, 8.4, 9.4 und 10.4) von ASHRAE[37] / IESNA[38] Standard 90.1-2004

---

[36] Vgl. [06], S.123
[37] ASHRAE ist die Amerikanische Gesellschaft für Heizung-, Kälte- und Klimaanlagen
[38] IESNA ist Beleuchtungstechnik Gesellschaft im Nord der USA

- Die Vorschriften und Anforderungen (§ § 5.5, 6.5, 7.5 und 9.5) oder Anforderungen (§ 11) von ASHRAE/IESNA Standard 90.1-2004.

4.6.3 Die dritte Anforderung: Grundlegendes Kältemittel-Management

Das Ziel ist die Verringerung des Abbaus der Ozonschicht. Damit das Ziel erfüllt wird, sollte die Verwendung der CFC[39]-Kältemittel im Gebäude mit HVAC&R[40] System reduziert werden.

4.6.4 Kriterium 1 – Optimierung der Energieeffizienz; 1-10 Punkte

Das Ziel ist die Erhöhung der Energieeffizienz über den Grundplan, damit die umwelt-ökologische- und ökonomische Auswirkung im Zusammenhang mit dem übermäßigen Energieverbrauch verringert wird. Deshalb soll jedes Projekt unter einer Option von den folgenden unterstellt werden.

- Option 1: Simulation der gesamten Gebäudeenergie

Die nächste Tabelle[41] zeigt die Verbesserung der Energieeffizienz im Gebäude im Vergleich zur Energieeffizienz in der Projektsimulation gemäß dem Grundplan von ASHRAE / IESNA Standard 90.1-2004. Für jede Stufe erhält das Projekt 1-10 Punkte

Neues Gebäude	Bestehendes Gebäude Renovierungsarbeiten	Punkte
10,5%	3,5%	1
14%	7%	2
17,5%	10,5%	3
21%	14%	4
24,5%	17,5%	5
28%	21%	6
31,5%	24,5%	7
35%	28%	8
38,5%	31,5%	9
42%	35%	10

Tabelle 2: Der Spar-Anteil für die Energieeffizienz Kosten

---

[39] CFC ist Chlorofluorocarbon
[40] HVAC&R ist Heizungs-, Lüftungs-, Klima- und Kältenlagen
[41] Vgl. [06], S.131

64

Um diese Punkte zu erreichen, soll das Design des Projektes:

- mit den zwingenden Bestimmungen § 5.4, 6.4, 7.4, 8.4, 9.4 und 10.4) in Standard 90,1 – 2004 übereinstimmen
- die gesamten Energiekosten des Projektes betrachten
- Mit dem Grundplan des Gebäudes gemäß Standard 90.1-2004 verglichen werden. Wenn die Energie-Kosten im Gebäude weniger als 25% des Grundplans für Energie-Kosten sind, soll LEED belegen, dass der Energieverbrauch angemessen ist.

- Option 2: ASHRAE Energie-Design als Führer für kleine Verwaltungsgebäude 2004 Die Einhaltung der ASHRAE-Vorschriften für Verwaltungsgebäude ist verpflichtend, aber unter folgenden Einschränkungen:

  - Die Fläche des Gebäudes muss unter 1850 m^2 sein.
  - Das Gebäude muss nur als Verwaltungsbüro benutzt werden.
  - Die Projektteams müssen in vollem Umfang mit allen anwendbaren Kriterien wie der fortgeschrittene Energie-Führer für die Klimazone, in der sich das Gebäude befindet, vertraut sein.

- Option 3: Einhaltung der grundlegenden Kriterien und Maßnahmen der fortgeschrittenen Gebäude Benchmark Version 1.1, außer den folgenden Abschnitten: 1.7 Monitoring und Trend-Logging, 1.11 Qualität der inneren Luft, und 1.14 vernetztes Computer MONITOR-Controlling. Dabei gelten folgende Einschränkungen:

  - Die Projektteams müssen in vollen Umfang mit allen anwendbaren Kriterien wie der fortgeschrittene Energie-Führer für die Klimazone, in der sich das Gebäude befindet, vertraut sein.

4.6.5 Kriterium 2: Erneuerbare Energieressourcen im Ort vom Projekt; 1-3 Punkte

Das Ziel ist die Erkennung und Maximierung der Benutzung der erneuerbaren Energieressourcen im Standort des Projekts, um die Auswirkung des fossilen Brennstoff-Verbrauchs auf die Umwelt zu verringern. Die Anforderungen sind:

Die Nutzung der erneuerbaren Energieressourcen im Ort des Gebäudes so gut wie möglich, um die Energiekosten zu minimieren. Die Projektleistung wird durch den

Prozentsatz der erneuerbaren Energienutzung pro Jahr berechnet, damit das Gebäude Punkte gemäß der folgenden Tabelle erhält.

Erneuerbare Energieressourcen	Punkte
2,5%	1
7,5%	2
12,5%	3

Tabelle 3: Der Prozentsatz der Nutzung von erneuerbaren Energieressourcen [42]

4.6.6 Kriterium 3 – Verstärkte Inbetriebnahme; 1 Punkt

Der Beginn der Inbetriebnahme frühzeitig bei der Planung und Ausführung. Dazu sind folgende Anforderungen erforderlich:

Die Durchführung, eine zusätzliche Aktivität der Inbetriebnahme, soll mit der ersten Anforderung der Energie und Atmosphäre im Zusammenhang mit LEED-NC 2.2 übereinstimmt werden.

- Vor dem Beginn der Baudokumenten-Phase soll eine unabhängige Autorität für die Inbetriebnahme bestimmt werden, die die Fertigstellung der Inbetriebnahme-Aktivität durchführt und kontrolliert. Die Autorität der Inbetriebnahme soll folgende Eigenschaften haben:

  - Die Autorität der Inbetriebnahme soll eine Erfahrung in diesem Bereich für mindestens 2 durchgeführte Projekte haben.

  - Die Autorität der Inbetriebnahme soll unabhängig von der Arbeit, Design oder Konstruktion sein. Außerdem soll sie kein Mitarbeiter der Design-Firma oder ein Auftragnehmer sein, kann aber ein qualifizierter Mitarbeiter vom Eigentümer sein.

  - Die Autorität der Inbetriebnahme soll die Ergebnisse und die Empfehlungen direkt an den Eigentümer schicken.

- Die Autorität der Inbetriebnahme überprüft mindestens ein Inbetriebnahme-Design für die Projektanforderung des Eigentümers oder die Grundlage von Design.

- Die manuelle Entwicklung des Systems bietet die Autorität der Inbetriebnahme den notwendigen Informationen für eine zukünftige Optimierung des Systems.

---

[42]   Vgl. [06], S.141

- Vergewissern, dass die Anforderungen für die betriebliche Ausbildung für das persönliche Management erfüllt werden.
- Der Inbetriebnahme-Prozess wird durch die Autorität der Inbetriebnahme innerhalb von 10 Monaten nach der nachhaltigen Fertigstellung des Projektes überwacht.

4.6.7 Kriterium 4 – Verstärktes Kältemittel-Management; 1 Punkt

Das Ziel ist die Verringerung des Abbaus der Ozonschicht und Minimierung der direkten Beiträge zur globalen Erwärmung. Die Anforderungen dafür sind:
- Option 1: keine Verwendung von Kältemittel
- Option 2: Benutzung der besonderen Kältemittel und HVAC&R im Gebäude, die die Emission minimieren oder beseitigen, um den Abbau der Ozonschicht oder die Erhöhung der globalen Erwärmung zu minimieren.

4.6.8 Kriterium 5 – Messung und Prüfung; 1 Punkt

Ermittlung einer ständigen laufenden Kontrolle des Energieverbrauches vom Gebäude. Dafür sind folgende Anforderungen zu beachten:
- Entwicklung und Umsetzung eines Mess- und Nachweisplans im Zusammenhang mit dem Plan A: kalibrierte Simulation, oder Plan B: Energieschutz Isolation.
- Die Dauer dieses Kredits (Messung und Prüfung) soll nicht weniger als mindestens 1 Jahr sein.

4.6.9 Kriterium 6 – Ökostrom; 1 Punkt

Das Ziel ist die Förderung und Entwicklung der erneuerbaren Energie-Technologien mit wenig Verschmutzung. Die Anforderungen sind:
- Option 1: Ausnutzung der erneuerbaren Energiequellen mindestens für 35% des Gebäudes mit 2 Jahren Laufzeit, um den Energieverbrauch aus den normalen Energiequellen zu reduzieren. Oder
- Option 2: Vergleich des geschätzten Energieverbrauches mit dem kommerziellen Energieverbrauch-Bericht, um den Energieverbrauch genau zu bestimmen.

4.7 Materialien und Ressourcen

4.7.1 Die einzige Anforderung – Speicher und Sammlung von wieder-verwertbaren Stoffen

Das Ziel ist die Reduzierung von Abfällen, die durch die Bewohner eines Gebäudes erzeugt werden. Die Anforderung dafür ist die Erstellung eines leicht erreichbaren Bereiches im Gebäude, im dem der nicht gefährliche Abfall wie z.b. Papier, Glas, Kunststoff und Metall für die Wiederverwertung gespeichert wird.

4.7.2 Kriterium 1.1 – Renovierung des Gebäudes – Pflege der 75% bestehenden Wände, Fußböden und des Daches; 1 Punkt

Das Ziel ist die Verlängerung der Lebensdauer des bestehenden Gebäudes, Erhaltung der Ressourcen, Reduzierung der Abfälle und Verringerung der Belastung auf die Umwelt wegen der neuen Gebäude.

Die Anforderungen dafür sind:

- Renovierung von mindestens 75% des bestehenden Gebäudes inklusive der Wände und des Daches. Außerdem müssen die gefährlichen Materialien, die als Teil des Projektes während der Renovierung sind, in diesem Prozentsatz (75%) ausgeschlossen werden.

- Falls das Projekt eine Ergänzung zum bestehenden Gebäude hat, ist dieser Kredit nicht anwendbar, wenn die Fläche der Ergänzung doppelt so groß, wie das bestehende Gebäude ist.

4.7.3 Kriterium 1.2 - Renovierung des Gebäudes – Pflege der 95% bestehenden Wände, Fußböden und des Daches; 1 Punkt; zusätzlich zum Kredit 1.1

Das Ziel ist die Verlängerung der Lebensdauer des bestehenden Gebäudes, Erhaltung der Ressourcen, Reduzierung der Abfälle und Verringerung der Belastung auf die Umwelt wegen der neuen Gebäude.

Die Anforderungen dafür sind:

- Renovierung von zusätzlich 20% zu den 75% im Kredit 1.1 (insgesamt 95%) des bestehenden Gebäudes inklusive der Wände und des Daches. Außerdem müssen die gefährlichen Materialien, die als Teil des Projektes während der Renovierung sind, in diesem Prozentsatz (75%) ausgeschlossen werden.

- Falls das Projekt eine Ergänzung zum bestehenden Gebäude hat, ist dieser Kredit nicht anwendbar, wenn die Fläche der Ergänzung doppelt so groß, wie das bestehende Gebäude ist.

4.7.4 Kriterium 1.3 – Renovierung des Gebäudes – Pflege der 50%, der inneren nicht strukturellen, Elemente; 1 Punkt

Das Ziel ist die Verlängerung der Lebensdauer des bestehenden Gebäudes, Erhaltung der Ressourcen, Reduzierung der Abfälle und Verringerung der Belastung auf die Umwelt wegen der neuen Gebäude.

Die Anforderungen sind:

- Benutzung von mindestens 50% der bestehenden inneren, nicht strukturellen Elemente, im Gebäude wie z.B. Wände, Türen, Bodenbeläge und Decken zur Renovierung.

- Falls das Projekt eine Ergänzung zum bestehenden Gebäude hat, ist dieser Kredit nicht anwendbar, wenn die Fläche der Ergänzung doppelt so groß, wie das bestehende Gebäude ist.

4.7.5 Kriterium 2.1 – Abfallmanagement - Wiederverwertung von 50% der zerstörten Baumaterialien; 1 Punkt

Das Ziel ist die Benutzung der Bau-, Abbruch- oder Aushubmaterialien für die Wiederverwertung und Umleitung der wiederverwertbaren Materialien zum Herstellungsprozess. Die Anforderungen dafür sind:

Wiederverwertung von mindestens 50% der nicht gefährlichen Baumaterialien, die durch Zerstörung, Abbruch und Rückbau eines Gebäudes verursacht werden. Erstellung eines Abfallmanagement-Planes, um diese Materialien zu sortieren.

4.7.6 Kriterium 2.2 - Abfallmanagement - Wiederverwertung von 75% der zerstörten Baumaterialien; 1 Punkt zusätzlich zum Kredit 2.1

Das Ziel ist die Benutzung von zusätzlich 25% zum Kredit 2.1 (insgesamt 75%) der Bau-, Abbruch- oder Aushubmaterialien für die Wiederverwertung und Umleitung der wiederverwertbaren Materialien zum Herstellungsprozess.

Die Anforderungen dafür sind: Wiederverwertung von mindestens 50% der nicht gefährlichen Baumaterialien, die durch Zerstörung, Abbruch und Rückbau eines Gebäudes verursacht werden. Erstellung eines Abfallmanagement-Planes, um diese Materialien zu sortieren.

4.7.7 Kriterium 3.1 – Wiederverwendung der Materialien von bis zu 5%; 1 Punkt

Das Ziel ist die Wiederverwendung der Baustoffe, um die Nachfrage der Rohstoffe und deren Abfälle zu reduzieren. Außerdem soll durch die Extraktion und Produktion der Rohstoffe die Belastung auf die Umwelt verringert werden.

Die Anforderungen sind:

- Wiederverwendung oder Renovierung der Materialien, sodass die Summe dieser Materialien mindestens 5% des Gesamtwertes der Materialien für das Projekt darstellen.

- Maschinenbau-, Elektro-, Sanitär- oder Spezialmaschinen wie Aufzüge dürfen nicht unter diesem Kredit einbezogen werden, da nur die ständigen Materialien im Projekt unter diesem Kredit betrachtet werden.

4.7.8 Kriterium 3.2 - Wiederverwendung der Materialien um 10%; 1 Punkt zusätzlich zu Kredit 3.1

Das Ziel ist die Wiederverwendung der Baustoffe, um die Nachfrage der Rohstoffe und deren Abfälle zu reduzieren. Außerdem soll durch die Extraktion und Produktion der Rohstoffe die Belastung auf die Umwelt verringert werden.

Die Anforderungen sind:

- Wiederverwendung oder Renovierung der Materialien, sodass die Summe dieser Materialien mindestens 5% zusätzlich zum Kredit 3.1 (insgesamt 10%) des Gesamtwertes der Materialien für das Projekt darstellen.

- Maschinenbau-, Elektro-, Sanitär- oder Spezialmaschinen wie Aufzüge dürfen nicht unter diesem Kredit einbezogen werden, da nur die ständigen Materialien im Projekt unter diesem Kredit betrachtet werden.

4.7.9 Kriterium 4.1 – Wiederverwertbarer Inhalt 10% (Post-Verbraucher+1/2 Prä-Verbraucher); 1 Punkt

Erhöhung der Nachfrage für die wiederverwerteten Baumaterialien, damit die Auswirkung der Extraktion und Produktion neuen Rohstoffe verringert werden.

Die Anforderungen dafür sind:

- Verwendung der wiederverwerteten Baumaterialien, sodass die Summe der Post-Verbraucher von wiederverwerteten Materialien plus die Hälfte der Prä-Verbraucher von wiederverwerteten Materialien von mindestens 10% des Gesamtwertes der Materialien im Projekt macht.

- Maschinenbau-, Elektro-, Sanitär- oder Spezialmaschinen wie Aufzüge dürfen nicht unter diesem Kredit einbezogen werden, da nur die ständigen Materialien im Projekt unter diesem Kredit betrachtet werden.

Post-Verbraucher wird definiert als Abfall, der aus Haushalt oder von Handels-, Industrie- oder institutionellen Einrichtungen in ihrer Rolle als Endnutzer des Produkts erzeugt wird. Präverbraucher wird definiert als Abfall, der während des Herstellungsprozesses erzeugt wird.

4.7.10 Kriterium 4.2 - Wiederverwerteter Inhalt von 20% (Post-Verbraucher+1/2 Präverbraucher); 1 Punkt zusätzlich zu Kredit 4.1

Erhöhung der Nachfrage für die wiederverwerteten Baumaterialien, damit die Auswirkung der Extraktion und Produktion neuer Rohstoffe verringert wird.

Die Anforderungen dafür sind:

- Benutzung der wiederverwerteten Baumaterialien, sodass die Summe der Post-Verbraucher von wiederverwerteten Materialien plus die Hälfte der Prä-Verbraucher von wiederverwerteten Materialien zusätzlich um bis zu 10% zu Kredit 4.1 (insgesamt 20%) des Gesamtwertes der Materialien im Projekt macht.

- Maschinenbau-, Elektro-, Sanitär- oder Spezialmaschinen wie Aufzüge dürfen nicht unter diesem Kredit einbezogen werden, da nur die ständigen Materialien im Projekt unter diesem Kredit betrachtet werden.

4.7.11 Kriterium 5.1 – Regionale Materialien – 10% Extraktion, Behandlung und Produktion der Materialien in der Umgebung; 1 Punkt

Das Ziel ist die Steigerung der Nachfrage auf die lokal hergestellten Baumaterialien und Produkte, um die Umweltbelastung aufgrund des Transports, der nicht lokal hergestellten Bau-Materialien, zu reduzieren.

Die Anforderungen sind:

- Verwendung von mindestens 10% der gesamten Baumaterialien für ein Projekt, die im Umkreis von 800 km Entfernung des Projektes extrahiert und hergestellt werden.

- Maschinenbau-, Elektro-, Sanitär- oder Spezialmaschinen wie Aufzüge dürfen nicht unter diesem Kredit einbezogen werden, da nur die ständigen Materialien im Projekt unter diesem Kredit betrachtet werden.

4.7.12 Kriterium 5.2 - Regionale Materialien – 20% Extraktion, Behandlung und Produktion der Materialien in der Umgebung; 1 Punkt zusätzlich zu Kredit 5.1

Das Ziel ist die Steigerung der Nachfrage auf die lokal hergestellten Baumaterialien und Produkte, um die Umweltbelastung aufgrund des Transports, der nicht lokal hergestellten Bau-Materialien, zu reduzieren.

Die Anforderungen sind:

- Verwendung von mindestens 10% zusätzlich zum Kredit 5.1 (insgesamt 20%) der gesamten Bau-Materialien für ein Projekt, die im Umkreis von 800 km Entfernung des Projektes extrahiert und hergestellt werden.

- Maschinenbau-, Elektro-, Sanitär- oder Spezialmaschinen wie Aufzüge dürfen nicht unter diesem Kredit einbezogen werden, da nur die ständigen Materialien im Projekt unter diesem Kredit betrachtet werden.

4.7.13 Kriterium 6 – schnell erneuerbare Materialien; 1 Punkt

Das Ziel ist die Reduzierung des Verbrauches der nicht erneuerbaren Baumaterialen oder der Baumaterialen mit langem Ersetzungslebenszyklus und Verwendung der schnell erneuerbaren Baumaterialien.

Die Anforderung ist:

Verwendung der schnell erneuerbaren Baumaterialien, die sich innerhalb von 10 Jahren oder kürzer erneuern, für mindestens 2,5% der gesamten Baumaterialien für das Projekt.

4.7.14 Kriterium 7 – zertifiziertes Holz; 1 Punkt

Das Ziel ist die Versorgung der Umwelt durch volle ökologische Verantwortung. Die Anforderung ist, dass 50% des verwendeten Holzes im Bauen mit den Regeln von Forest Stewardship Council (FSC) übereinstimmen muss.

4.8 Interne ökologische Qualität

4.8.1 Die erste Anforderung – geringe Leistung der internen Luftqualität:

Das Ziel ist die Anforderung der Leistung von der Luftqualität in Innenräumen gering einzustellen, damit die Luftqualität in Innenräumen des Gebäudes zur Erhöhung des Komforts und des Wohlbefindens der Bewohner beiträgt.

4.8.2 Die zweite Anforderung – Controlling des Rauchens:

Das Ziel ist die Minimierung oder Beschränkung des Rauchens im Gebäude, damit die innere Luftqualität nicht verschmutzt wird.

Die Anforderungen sind:

- Option 1:
  - Verbieten des Rauchens im Gebäude.
  - Erstellen von Raucherzonen außerhalb des Gebäudes, die mindestens 7,5 Meter vom Haupteingang entfernt sind.
- Option 2:
  - Verbieten des Rauchens im Gebäude, außer bestimmten Raucherzonen
  - Erstellen von Raucherzonen außerhalb des Gebäudes, die mindestens 7,5 Meter vom Haupteingang entfernt sind.
  - Erstellen von Raucherräumen im Gebäude, die aber gut von den Nichtraucher-räumen isoliert sind. Außerdem darf die Lüftungsanlage in diesen Räumen nicht mit der allgemeinen Lüftungsanlage des Gebäudes verbunden sein. Der Luft-austausch der Raucherräume muss direkt mit draußen verbunden werden.
- Option 3 (nur für Wohngebäude):
  - Verbieten des Rauchens im ganzen Gebäude
  - Erstellen von Raucherzonen außerhalb des Gebäudes, die mindestens 7,5 Meter vom Haupteingang entfernt sind.

- Reduzierung der Durchdringungen des Rauches zwischen den Wohnräumen durch die gute Versiegelung der Löcher in Wänden, Decken und Böden.

- Alle Türen, die an eine gemeinsame Halle oder Flur führen, müssen gut isoliert werden, damit kein Rauch aus den Wohnräumen zur Halle läuft.

4.8.3 Kriterium 1 – Controlling des Luftstroms: 1 Punkt

Das Ziel ist die Lieferung der Luft von außen ins Gebäude durch ein Ventilatoren-System, um den Komfort und das Wohlbefinden der Bewohner zu sichern.

Die Anforderungen sind:

Installation eines ständigen Überwachungssystems für das Ventilatoren-System, um die Anforderung der frischen Luft ins Gebäude zu besorgen. Das Überwachungssystem ist mit einem automatischen Alarm ausgerüstet, der dann ausgelöst wird, wenn das Volumen der frischen Luft ins Gebäude 10% des gesamten Luftvolumens oder weniger geworden ist.

4.8.4 Kriterium 2 – Erhöhung der Lüftung; 1 Punkt

Das Ziel ist die Besorgung der zusätzlichen Belüftung aus dem Freien zur Verbesserung des Komforts der Personen im Gebäude.

Die Anforderungen sind:

Für mechanisch belüftete Räume:

- Erhöhung der Belüftung in den Räumen, die auf der Außenluft basieren, mindestens 30% über der bestimmten Menge gemäß ASHRAE Standard 26.1-2004[43]

Für natürlich belüftete Räume:

- Erstellung einer natürlichen Belüftung der besetzten Räume, um die Empfindlichkeit der Personen an dem angenehmeren Karbon-Trust zu treffen. Es ist zu bestimmen, dass die natürliche Belüftung eine effektive Strategie für das Projekt gemäß dem Flussdiagramm-Prozess in Abbildung 1.18 von Chartered Institution of Building Services Engineers (CIBSE) Handbuch 10:2005 ist.

- Die Diagramme und Berechnungen können verwendet werden, um die Gestaltung der natürlichen Lüftungssysteme mit den Anforderungen von Chartered Institution of Building Services Engineers (CIBSE) Handbuch 10:2005 zu übereinstimmen.

---

[43] Vgl. [06], S.223

- Ein analytisches Modell kann verwendet werden, um die natürliche Lüftung in den Räumen als wirksame Lüftung zu beweisen.

4.8.5 Kriterium 3.1 – Management-Plan der internen Luftqualität; während der Bauphase; 1 Punkt

Das Ziel ist die Reduzierung der Verschmutzung der internen Luftqualität während den Bauarbeiten oder der Renovierung, um den Komfort und die Gesundheit der Personen und der Mitarbeiter im Gebäude zu sichern.

Die Anforderungen sind:

Entwicklung eines Management-Planes der internen Luftqualität während der Bauarbeiten und kurz vor der Abnahme wie folgende:

- Während der Bauarbeiten durchführen und erfüllen die Maßnahmen und Anforderungen gemäß Sheet Metal and Air Conditioning National Contractore Association (SMACNA) für die Wohngebäude während des Bauens,1995 Absatz 3[44]

- Die Materialien und Stoffe im Ort des Projekt sollen vor Feuchtigkeit geschützt werden

4.8.6 Kriterium 3.2 - Management-Plan der internen Luftqualität; vor der Abnahme; 1 Punkt

Das Ziel ist die Reduzierung der Verschmutzung der internen Luftqualität während den Bauarbeiten oder der Renovierung, um den Komfort und die Gesundheit der Personen und der Mitarbeiter im Gebäude zu sichern.

Die Anforderungen sind:

Entwicklung eines Management-Planes der internen Luftqualität vor der Abnahme wie folgende:

- Option 1 - Aufscheuchen:
    - Nach der Fertigstellung der Bauarbeiten und vor der Besetzung wird ein Aufscheuchen des gesamten Gebäudes durch eine Lieferung Luftvolumen von ca. 395 m^3 der Außenluft unter bestimmter Temperatur von 15,5 °C und Feuchtigkeit nicht mehr als 60% durchgeführt.

---

[44] Vgl. [06], S.226

- Wenn eine Besetzung des Gebäudes vor dem Aufscheuchen gewünscht wird, soll eine Lieferung Luftvolumen von mindestens ca. 100 m^3 der Außenluft durchgeführt werden. Während des Aufscheuchens des Gebäudes soll eine Lieferungszeit der Außenluft mindestens 3 Stunden täglich bis insgesamt 395 m^3 der Außenluft im Gebäude erfolgt werden.

- Option 2 – Prüfung der Luft:
  - Durchführung einer Luftprüfung nach dem Bauende und vor der Besetzung des Gebäudes, gemäß der Protokolle von United States Environmental Protection Agency für die Methoden zur Bestimmung der Luftverschmutzung.

4.8.7 Kriterium 4.1 – Materialien mit weniger Emission- Klebstoffe und Dichtungs-Materialien 1 Punkt

Das Ziel ist die Reduzierung der Menge der verschmutzten Luft im Gebäude mit dem gefährlichen Gas oder Geruch, um den Komfort und das Wohlbefinden der Bewohner nicht zu schädigen.

Die Anforderungen sind:

- Alle Klebstoffe und Dichtungsmaterialen müssen mit den folgenden Kriterien gemäß South Coast Air Quality Management District (SCAQMD) Regel 1168 übereinstimmen. VOC[45]-Grenzwerte sind in der nächsten Tabelle aufgelistet:

---

[45] VOC ist „Volatile organic carbon"

Architectural Applications	VOC Limit [g/L less water]	Specialty Applications	VOC Limit [g/L less water]
Indoor Carpet Adhesives	50	PVC Welding	510
Carpet Pad Adhesives	50	CPVC Welding	490
Wood Flooring Adhesives	100	ABS Welding	325
Rubber Floor Adhesives	60	Plastic Cement Welding	250
Subfloor Adhesives	50	Adhesive Primer for Plastic	550
Ceramic Tile Adhesives	65	Contact Adhesive	80
VCT & Asphalt Adhesives	50	Special Purpose Contact Adhesive	250
Drywall & Panel Adhesives	50	Structural Wood Member Adhesive	140
Cove Base Adhesives	50	Sheet Applied Rubber Lining Operations	850
Multipurpose Construction Adhesives	70	Top & Trim Adhesive	250
Structural Glazing Adhesives	100		
Substrate Specific Applications	**VOC Limit [g/L less water]**	**Sealants**	**VOC Limit [g/L less water]**
Metal to Metal	30	Architectural	250
Plastic Foams	50	Nonmembrane Roof	300
Porous Material (except wood)	50	Roadway	250
Wood	30	Single-Ply Roof Membrane	450
Fiberglass	80	Other	420
Sealant Primers	**VOC Limit [g/L less water]**		
Architectural Non Porous	250		
Architectural Porous	775		
Other	750		

Abbildung 11: Klebstoffe und Dichtungsmateriale mit ihrer VOC [46]

- Aerosole Klebstoffe: Anforderungen gemäß Green Seal Standard für die kommerziellen Klebstoffe GS-36:

Aerosol Adhesives:	VOC Weight [g/L minus water]
General purpose mist spray	65% VOCs by weight
General purpose web spray	55% VOCs by weight
Special purpose aerosol adhesives (all types)	70% VOCs by weight

Abbildung 12: Aerosole Klebstoffe [47]

4.8.8 Kriterium 4.2 - Materialien mit weniger Emission- Farben und Lacke; 1 Punkt

Das Ziel ist die Reduzierung der Menge der verschmutzten Luft im Gebäude mit dem gefährlichen Gas oder Geruch, um den Komfort und das Wohlbefinden der Bewohner nicht zu schädigen.

Die Anforderungen sind:

---

[46] Vgl. [06], S.236
[47] Vgl. [06], S.237

Alle Farben und Lacke müssen mit folgenden Kriterien übereinstimmen:

- Die Farben und Lacke, die für die Wände oder Dächer angewendet werden, dürfen den VOC-Grenzwert gemäß Green Seal Standard GS-11 nicht überschreiten:
  - Wohnungen 50 g/L
  - andere Gebäude 150 g/L
- Korrosionsschutzmittel und Anti-Rost-Farbe im Gebäude dürfen nicht den VOC-Grenzwert von 250 g/L gemäß Green Seal GS-03 überschreiten.
- Holz-Farben, Bodenbeschichtungen und Schellack dürfen die VOC-Grenzwerte gemäß South Coast Air Quality Management District (SCAQMD) Regel 1113 überschreiten:[48]
  - Holz-Farben: Firnis 350 g/L, Lacke 550 g/L
  - Bodenbeschichtungen: 100 g/L
  - Schellack: Klar 730 g/L, pigmentiert 550 g/L

4.8.9 Kriterium 4.3 – Materialien mit weniger Emission – Teppich; 1 Punkt

Das Ziel ist die Reduzierung der Menge der verschmutzten Luft im Gebäude mit dem gefährlichen Gas oder Geruch, um den Komfort und das Wohlbefinden der Bewohner nicht zu schädigen.

Die Anforderungen sind:

- Alle Teppiche im Gebäude müssen nach den Anforderungen gemäß Carpet and Rug Institute's Green Label Plus Program geprüft werden.
- Die Klebstoffe der Teppiche dürfen den VOC-Grenzwert von 50 g/L nicht überschreiten.

4.8.10 Kriterium 4.4 – Materialien mit weniger Emission – Composites Holz 1 Punkt:

Das Ziel ist die Reduzierung der Menge der verschmutzten Luft im Gebäude mit dem gefährlichen Gas oder Geruch, um den Komfort und das Wohlbefinden der Bewohner nicht zu schädigen. Die Anforderungen sind:

---

[48] Vgl. [06], S.237

Ein Composites Holz, das im Gebäude benutzt wird, darf keine zusätzlichen Harnstoff-Formaldehyde-Harze enthalten. Außerdem darf das Laminat auch keine zusätzlichen Harnstoff-Formaldehyde-Harze enthalten.

4.8.11 Kriterium 5 – Controlling der chemischen Schadstoffe im Gebäude; 1 Punkt

Das Ziel ist die Reduzierung der Auswirkung der Schadstoffe und der gefährlichen Gase auf die Bewohner oder Personen im Gebäude.

Die Anforderungen sind:

- Installation eines mindestens 1,8 Meter langen Überwachungssystems am Haupteingang oder an den anderen Eingängen im Gebäude, um die Ausbreitung der Schadstoffe oder den gefährlichen Gase zu kontrollieren.
- Wo gefährliche Gase oder Chemikalien in Plätzen wie z.B. Garagen oder Kopier-/Druckzimmer verwendet werden, so müssen diese Plätze unter negativem Druck mit geschlossenen Türen zu den nächsten Räumen verwendet werden.

4.8.12 Kriterium 6.1 – Kontrolle der Systeme – Beleuchtungssysteme; 1 Punkt

Das Ziel ist die Anwendung eines hohen Maßes der Beleuchtungssysteme im Gebäude, die von privaten Personen oder bestimmten Gruppen durchgeführt werden, um den Komfort und das Wohlbefinden der Bewohner zu sichern.

Die Anforderungen sind:

- Die Beleuchtungssysteme im Wohngebäude können von privaten Personen oder bestimmten Gruppen nach Wunsch angepasst werden.
- Die Beleuchtungssysteme im Bürogebäude können von den Personen nach Wunsch angepasst werden.

4.8.13 Kriterium 6.2 - Kontrolle der Systeme – Thermischer Komfort; 1 Punkt

Das Ziel ist die Anwendung eines hohen Maßes der thermischen Systeme im Gebäude, die von privaten Personen oder bestimmten Gruppen durchgeführt werden, um den Komfort und das Wohlbefinden der Bewohner zu sichern.

Die Anforderungen sind:

- Das System wird von mindestens 50% der Bewohner des Gebäudes zur Anpassung an die einzelnen Bedürfnisse und Vorlieben ermöglicht. Außerdem können bedienbaren Fenster für die Kontrolle des Bewohner-Komforts verwendet werden.

- Ein leicht bedienbares System kann für den Komfort der Bewohner zur Verfügung gestellt werden.

4.8.14   Kriterium 7.1 – Thermischer Komfort – Design; 1 Punkt:

Das Ziel ist eine gemütliche, thermische Atmosphäre zu ermöglichen, die die Produktivität und das Wohlbefinden der Bewohner im Gebäude erhöht.

Die Anforderung ist:

Entwicklung ein HVAC-System im Gebäude, das mit den Anforderungen von ASHRAE Standard 55-2004 übereinstimmt.

4.8.15   Kriterium 7.2 - Thermischer Komfort – Verifikation; 1 Punkt

Das Ziel ist eine Erstellung eines ständigen, thermischen Zertifizierungssystems für ein Gebäude.

Die Anforderungen sind:

- Durchführung einer thermischen Umfrage innerhalb einer Frist von 6 – 18 Monaten nach der Besetzung des Gebäudes.

- Diese Umfrage ist anonym über den thermischen Komfort im Gebäude einschließlich einer Bewertung der allgemeinen Zufriedenheit der Bewohner mit den thermischen Leistungen und die Ermittlung des thermischen Komforts im Zusammenhang mit den Problemen.

- Wenn die Umfrageergebnisse zeigen, dass mehr als 20% der Bewohner im Gebäude unzufrieden mit den thermischen Leistungen sind, muss ein Plan für die Korrektur der Leistungen vereinbart werden.

4.8.16   Kriterium 8.1 – Tageslicht und Ansicht – Tageslicht beleuchtet 75% der inneren Flächen; 1 Punkt

Das Ziel ist die Erhöhung der Verbindung zwischen den Bewohnern im Gebäude und der Außenumgebung durch den Eintritt des Tageslichtes und die allgemeine Ansicht auf die Umgebung des Gebäudes.

Die Anforderungen sind:

- Option 1 - Berechnung: Erteilung des Verglasungsfaktors 2% für mindestens 75% der besetzten Räume.

- Option 2 – Simulation: Durchführung einer Computer-Simulation, in der 25 Kerzen für die Beleuchtung von ca. 75% der inneren Flächen im Gebäude benutzt werden. Die Ergebnisse der Simulation werden für die echten Messungen verwendet.

- Option 3 – Messung: Durchführung der inneren Messungen des Lichtes von 25 Kerzen, die ca. 75% der inneren Fläche im Gebäude beleuchten. Für die Messung ist ein 10 Meter Raster auf die besetzte Fläche vorgesehen.

4.8.17 Kriterium 8.2 - Tageslicht und Ansicht – Tageslicht beleuchtet 90% der inneren Flächen; 1 Punkt

Das Ziel ist die Erhöhung der Verbindung zwischen den Bewohnern im Gebäude und der Außenumgebung durch den Eintritt des Tageslichtes und die allgemeine Ansicht auf die Umgebung des Gebäudes.

4.9 Innovation und der Prozess von Design

4.9.1 Kriterium 1-1.4 - Innovationen von Design; 1-4 Punkte

Das Ziel ist die Besorgung der Punkte gemäß LEED für die Design-Teams und für die Projekte.

Die Anforderungen sind:

- Kredit 1.1; 1 Punkt: Erzielung der vorgeschlagenen Kredite für die Innovation, Definition der Strategien für das Design.

- Kredit 1.2; 1 Punkt: Wie Kredit 1.1

- Kredit 1.3; 1 Punkt: Wie Kredit 1.1

- Kredit 1.4; 1 Punkt: wie Kredit 1.1

4.9.2 Kriterium 2 - LEED Accredited Professional; 1 Punkt

Das Ziel dieses Kredites ist die Unterstützung von integriertem Design, das von LEED-NC für Green Building angefordert wird.

4.10 Ablauf der Zertifizierung beim LEED-NC

Das LEED-NC Zertifizierungssystem hilft dem Projekt, die höchsten Maßnahmen von Green Building zu erfüllen. Außerdem dient es dem Entwickler eines Projektes, das Projekt auf einen richtigen ökologischen, ökonomischen Weg zu setzen. Dieses System läuft wie folgendes:

1. Anmeldung bei USGBC

Die Anmeldung ist der erste Schritt für die Zertifizierung eines Gebäudes oder Projektes. Somit erfolgt die Anmeldung online durch die offizielle Web-Seite von USGBC, wo die Anmeldedaten in der Datenbank der USGBC aufgezeichnet werden. Die Eigentümer melden ihr Projekt nach ihrer Art unter dem bestimmten Zertifizierungssystem wie z.B. neues Bauen, bestehende Gebäude oder Schulen usw. an.

1. Vorbereitung der Bewertungsunterlagen

Jedes LEED Zertifizierungssystem hat bestimmte Unterlagen und Dokumente, die von dem Eigentümer des Projektes vorbereitet werden müssen. Während der Vorbereitungsphase der Unterlagen hat das Projektteam die bestimmten Kredite von LEED auszuwählen, um das Projekt gemäß diesen Krediten und ihrer Anforderungen zu bewerten. Auch sammelt das Projektteam in dieser Phase alle notwendigen Informationen und Berechnungen des Projektes, um sie in der Bewertung mit zu nutzen. Wenn das Projektteam fertig mit der Vorbereitung der Unterlagen ist, kann es die Unterlagen online unter der offiziellen Web-Seite von USGBC schicken, um mit der nächsten Phase der Zertifizierung anzufangen.

3. Sendung der Unterlagen

Nun können die Eigentümer des Projektes ihre Projekte bei USGBC anmelden. Die Prüfung der Unterlagen beginnt somit erst nach der vollständigen Sendung und der Bezahlung der Gebühren (450 $ für Mitglieder, 600 $ für Nichtmitglieder) an.

4. Prüfung und Zertifizierung des Projektes

In diesem Schritt prüft USGBC die Unterlagen und die Dokumente eines Projektes, ob sie den Anforderungen und den Anforderungen der Kredite und Kriterien von LEED, je

nach der Art des Projektes erfüllen. Danach erteilt USGBC dem Eigentümer einen
Zertifizierungsgrad: Platin, Gold, Silber oder Zertifiziert.

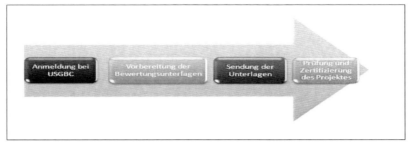

Abbildung 13: Der Prozess der Zertifizierung die USGBC [49]

---

[49] Eigene Darstellung

5   BREEAM

5.1   Entwicklung von BREEAM

BREEAM (**B**uilding **R**esearch **E**stablishment **E**nvironmental **A**ssessment **M**ethod) ist die derzeit am weitesten verbreitete Methode zur Bewertung der Umweltauswirkungen von Bauaktivitäten. BREEAM bewertet den Energie- und Ressourceneinsatz, die Raumluftqualität sowie Durchführung und Organisation der Bautätigkeit. BREEAM wurde in 1990 in England als Bewertungsinstrument für neue Bürogebäude vorgestellt. Für die Entwicklung sind das Building Research Establishment von England (BRE), ECD Energy und Environment Ltd. verantwortlich. Mittlerweile gibt es mehrere BREEAM Versionen für verschiedene Gebäudetypen. Im Jahr 1993 wurde ein Instrument für bereits bestehende Bürogebäude erstellt, daraufhin entwickelte UKGBC weitere Versionen für Warenhäuser und Supermärkte, Schulen, Industriegebäude und Wohnhäuser.[50]

Die BREEAM Bewertung erfolgt nach einem einfachen Punktesystem für verschiedene Kriterien auf globaler und lokaler. Diese drei Bewertungsebenen werden sowohl für die Gebäude selbst als auch für ihre Planung und ihr Management angewendet. Globale Kriterien des Gebäudes beurteilen z.B. CO_2-Emissionen und Energiebedarf, sauren Regen, Zerstörung der Ozonschicht und das Recycling von Materialien. Weitere Kategorien sind Management, Gesundheit und Komfort, Abfälle, Wasser, Flächenverbrauch, Stoffen und Verschmutzung. Je besser die ökologische Performance des Gebäudes beurteilt wird, desto mehr Punkte werden für die einzelnen Bereiche vergeben. Die maximale Punkteanzahl beträgt 100 und ist Maßstab für die Gesamtbewertung in den Bewertungsstufen ausgezeichnet, sehr gut, gut und durchschnittlich. Ziel der Weiterentwicklung von BREEAM ist eine Bewertung, die auf der Analyse des gesamten Lebenszyklus (LCA, Life Cycle Assessment) des Gebäudes beruht.

---

[50]   Vgl. [URL8]

Jede Kategorie umfasst eine Reihe von ökologischen Kriterien, die einen möglichen Einfluss auf die Umwelt haben. Die Kriterien können durch ein Performance-Ziel und Punkte bewertet werden.

Abbildung 14: Die Kriterien von BREEAM [51]

Die Bewertung eines Gebäudes ist abhängig von der gewichteten Gesamtpunktzahl aller Kriterien. Diese kann insgesamt 100 ergeben. Die erzielten Punkte werden mit einem bestimmten Zertifizierungsgrad angegeben:

- Exzellent (>71%)
- Sehr gut (56-70,9%)
- Gut (41-55,9%)
- Bestenden (25-40,9%)

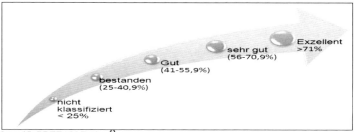

Abbildung 15: BREEAM Rating [52]

---

51   Eigene Darstellung
52   Eigene Darstellung

5.2   Die Themenfelder des Zertifizierungssystems

Das Zertifizierungssystem BREEAM hat neun Themenfelder bzw. Kategorien. Jedes Themenfeld umfasst mehrere Kriterien. In der nächsten Tabelle werden die Kategorien dieses Zertifizierungssystems dargestellt.

Energie & CO_2-Emission (29 Punkte) umfasst die Kriterien

- CO_2-Emission von Häusern
- Energieeffizienz
- interne Beleuchtung
- Flächen zur Trocknung von Kleidung
- Energie, die als weiße waren gekennzeichnet
- externe Beleuchtung
- geringe oder keine Karbon-Emission
- Abstellplatz für Fahrräder
- Home Office

Wasser (6 Punkte) regelt den

- internen trinkbaren Wasserverbrauch
- die externe Wasserverwendung

Materialien (24 Punkte) umfasst die Kriterien

- ökologische Auswirkungen der Materialien
- Materialien für den Rohbau
- Materialien für die Fertigstellung

Oberflächenwasser (4 Punkte) regelt

- Management des Abflusses von Oberflächenwasser
- Verringerung das Risiko einer Überschwemmung

Abfälle (7 Punkte) umfasst die Kriterien

- Speicherplatz für nicht-wiederverwendbare Abfälle
- Recycling-Hausmüll
- Abfallmanagement

Umweltverschmutzung (4 Punkte) umfasst die Kriterien

- Globale Erwärmung (GWP)
- NOx-Emissionen

Gesundheit und Wohlbefinden (12 Punkte) umfasst

- Tageslicht
- Schallschutz
- private Flächen
- nachhaltiges Haus

Management (9 Punkte) umfasst die Kriterien

- Bedienungsanleitung des Gebäudes
- Considerate Constructors Scheme
- strukturelle Auswirkung
- Sicherheit

Ökologie (9 Punkte) umfasst die Kriterien

- Ökologischer Wert des Standortes
- ökologische Erweiterung
- Schutz der ökologischen Funktionen
- Veränderungen von dem ökologischen Wert des Standortes
- Grundstücksfläche des Gebäudes.

Für diese Kategorien wird jeweils eine bestimmte Punktzahl vergeben. Die Gesamtpunktzahl kann 104 Punkte betragen. Jede Kategorie besitzt jedoch einen spezifischen Gewichtungsfaktor, der in Prozent angegeben wird. Zusammen ergeben die Kategorien einen Gewichtungsfaktor von 100%.

5.3 Energie und CO2-Emission (29 Punkte)

5.3.1 Schätzung der CO2-Emission von Häusern (15 Punkte)

- Ziel dieses Kriteriums ist die Minimierung der Emission von Kohlendioxid (CO_2) in die Luft.
- Bewertungskriterien

Punkte werden je nach der Minimierung der CO2-Emission von den Häusern erteilt. Die geschätzte CO2-Emission wird in kg pro m^2/Jahr angegeben, die durch die Nutzung der Heizung und des Warmwassers und durch die Beleuchtung des Wohnhauses verursacht wird. Je niedriger die CO2-Emission ist, desto mehr Punkte werden vergeben. Die Bewertung bezieht sich also auf den Energieverbrauch eines Gebäudes.

5.3.2 Energieeffizienz (2 Punkte)

- Ziel ist hierbei die Prüfung der Energieeffizienz eines Gebäudes während des gesamten Lebenszyklus sowie die Minimierung des Energieverlustes.
- Bewertungskriterien

Punkte werden je nach Menge des Wärmeverlustes eines Gebäudes erteilt.

Je weniger Wärme verloren geht, desto mehr Punkte werden für das Kriterium erteilt. Um den Wärmeverlust eines Gebäudes zu verringern, müssen z.B. die Fassaden gut gedämmt werden. Ein gutes Beispiel für die Verringerung des

Wärmeverlustes, sind zudem die „Passiv Häuser", die mit effizienten Maßnahmen, den Energieverbrauch bis auf Null verringern können.

5.3.3 Interne Beleuchtung (2 Punkte)

- Ziel des Kriteriums ist die Förderung der Energieeffizienz der internen Beleuchtung und eine daraus resultierende Verringerung der CO2-Emission eines Gebäudes.
- Bewertungskriterien

Wird die Energieeffizienz des internen Beleuchtungssystems mit spezifischen Maßnahmen gefördert, werden entsprechend viele Punkte vergeben.

Eine Anforderung dieses Kriteriums ist z.B. das Vorhandensein einer ansprechenden internen Tagesbeleuchtung im Gebäude.

Durch diese Anforderung kann der Energieverbrauch minimiert werden. Durch den Austausch von normalen Lampen mit Energiesparlampen kann zusätzlich zu einer 10 bis 15%igen Minimierung des Energieverbrauches beigetragen werden.

5.3.4 Flächen zur Trocknung von Kleidung (1 Punkt)

• Ziel des Kriteriums ist die Reduzierung des Energieverbrauches durch die Bereitstellung von natürlichen Trocknungsflächen für Kleidung.

• Bewertungskriterien

Dieser Punkt wird vergeben, wenn ausreichend Trocknungsflächen für Kleidung erstellt werden. Die natürliche Trocknung der Kleidung, ohne die Nutzung des elektronischen Wäschetrockners, trägt zu einer Reduzierung des Energieverbrauches bei. Diese Maßnahme ist besonders wichtig für Gebäude ohne Garten. Die Lüftung der Trocknungsräume innerhalb des Gebäudes sollte zudem den Empfehlungen von " Energy Savings Trust (EST)[53] entsprechen.

5.3.5 Energie, die als weiße waren gekennzeichnet (2 Punkte)

• Ziel ist die Förderung der Verwendung der energieeffizienten Elektrogeräte im Haus, um die CO_2-Emissionen zu senken.

• Bewertungskriterien

Punkte werden bei der Bereitstellung von Energie-effizienten weißen Waren unter der EU Energy Efficiency Labelling Schema vergeben. Die Bewertungen für die Energie-effizienten weißen Waren werden wie folgende ermittelt: A+ Bewertung für einen Kühlschrank und ein Gefrierfach oder Kühlschrank/Gefriergeräten, eine A Bewertung für Spülmaschinen und eine B Bewertung für einen Wäschetrockner oder einen gemischt-Trockner.

5.3.6 Externe Beleuchtung (2 Punkte)

• Ziel ist die Förderung der Energieeffizienz der externen Beleuchtung und somit die Reduzierung der CO_2–Emission

• Bewertungskriterien

---

[53]   Energy Saving Trust www.energysavingtrust.org.uk/housingbuildings/standards/

Punkte werden vergeben, wenn alle externen Beleuchtungen, wie z.B. die Sicherheitsbe-leuchtung oder die Eingangsbeleuchtung, durch entsprechende Maßnahmen zur Energie-effizienz beitragen. Dies kann durch eine angemessene Kontrolle des Energieverbrau-ches erreicht werden.

5.3.7 Geringe oder keine Karbon-Emission (2 Punkte)

- Ziel ist die Verringerung der CO2-Emission und der Luftverschmutzung durch die Verwendung der umweltfreundlichen erneuerbaren Energie.

- Bewertungskriterien

Punkte werden abhängig von dem Prozentsatz vergeben, wenn die CO2-Emission durch die Verwendung der Energie-Technologien, die keinen oder niedrigen Karbon-Emission verursachen, verringert wird. Je geringer die CO2-Emission ist, desto mehr Punkte werden vergeben. Die Verwendung der Energie-Technologien, die keinen oder niedri-gen Karbon-Emission verursachen, wird nicht nur zu einer reduzierten Emission von Treibhausgasen oder anderen Schadstoffen führen, sondern wird auch dabei helfen, die Energieressourcen einzusparen.

5.3.8 Abstellplatz für Fahrräder (2 Punkte)

- Ziel des Kriteriums ist die vermehrte Nutzung von Fahrrädern als Transportmittel. Durch die Bereitstellung von angemessenen und sicheren Abstellplätzen, wird der Anreiz geschaffen, für kürzere Strecken das Fahrrad zu benutzen und auf das Auto-fahren zu verzichten. Dies wirkt sich positiv auf die Umwelt aus.

- Bewertungskriterien

Punkte werden vergeben, wenn die Abstellplätze der Fahrräder ausreichend Groß und sicher sowie vor Regenwasser geschützt sind.

5.3.9 Home Office (1 Punkt)

- Ziel ist die Reduzierung des täglichen Fahrens zur Arbeit. Durch die Bereitstellung von Arbeits- und Diensträumen im Gebäude, wird gewährleistet, dass die Bewohner von zuhause arbeiten können.

- Bewertungskriterien

Der Punkt wird vergeben, wenn Arbeits-und Diensträume im Gebäude vorhanden sind.

Diese Räume sollten ruhig und bequem sein, damit sie auch zuhause als Büro genutzt werden können. Das ist notwendig, da die Anzahl der selbständigen Arbeiter steigt, die von zuhause arbeiten müssen oder wollen. Viele Tätigkeiten können dadurch ohne ständige Anwesenheit im Büro durchgeführt werden.

5.4 Wasser (6 Punkte)

5.4.1 Interner trinkbarer Wasserverbrauch (5 Punkte)

- Ziel ist die Reduzierung des Wasserverbrauchs im Gebäude.

- Bewertungskriterien

Punkte werden abhängig von dem durchschnittlichen Wasserverbrauch pro Person vergeben. Je weniger Wasser verbraucht wird, desto mehr Punkte werden vergeben. Der entsprechende durchschnittliche Wasserverbrauch wird in der folgenden Tabelle gezeigt:

Maximaler Wasserverbrauch (Liter/Person/Tag)	Ebenen
120	Ebenen 1 und 2
110	
105	Ebenen 3 und 4
90	
80	Ebenen 5 und 6

Tabelle 4: Maximaler Wasserverbrauch [54]

Die trinkbaren Wasserquellen sind wegen des Klimawandels sehr knapp geworden. Außerdem steigt die Nachfrage nach Wasser ständig. Deshalb ist die Einhaltung entsprechender Maßnahmen wie z.B. ein geringer privater weniger Wasserverbrauch sehr wichtig, um den Bedarf an Wasser für die gesamte Bevölkerung decken zu können.

---

[54] www.environment-agency.gov.uk

5.4.2 Externe Wasserverwendung (1Punkt)

- Ziel des Kriteriums ist z.b. die externe Verwendung von Regenwasser anstatt von trinkbarem Wasser.

- Bewertungskriterien

Der Punkt wird vergeben für die Bereitstellung eines Systems, das für die Speicherung von Regenwasser für die externe und interne Bewässerung verantwortlich ist.

Die Bewässerung kann z.b. für den Garten, die Terrasse oder den Eingangs des Gebäudes genutzt werden. Wenn das Gebäude keinen Garten hat, kann der Punkt auch für die Bewässerung des Balkons vergeben werden.

5.5 Materialien (24 Punkte)

5.5.1 Ökologische Auswirkungen der Materialien (15 Punkte)

- Ziel ist die Verwendung von Baumaterialien mit geringen Umweltauswirkungen.

- Bewertungskriterien

Punkte werden vergeben, wenn diese Materialien in mindestens drei oder fünf folgenden Gebäudeabschnitten verwendet werden.

- Dach
- Außenwände
- Innenwände (einschließlich Trennwände)
- Böden
- Fenster

Diese fünf Gebäudeabschnitte werden im „Green Guide Rating" von der Version 2007[55] vom The Green Guide A+ bis D erwähnt. Sie wird in der aktuellen Version des technischen Codes ausführlich beschrieben.

---

[55] version of The Green Guide to specification see www.bre.co.uk

5.5.2 Materialien für den Rohbau (6 Punkte)

- Ziel ist die Erkennung des Ursprungs von Materialien, die für den Rohbau verwendet werden.

- Bewertungskriterien

Entsprechende Punkte werden vergeben, wenn der Ursprung der Materialien bekannt ist. 80 Prozent der Materialien in den folgenden Gebäudeabschnitten[56] sollten bekannt sein:

- Rohbau

- Erdgeschoss

- Zwischendecken

- Dach

- Außenmauern

- Innenmauern (einschließlich Trennwände)

- Fundamente/ Teilstruktur

- Treppe

Dies bedeutet, dass die Auswirkungen der verwendeten Materialien während des gesamten Lebenszyklus kontrolliert werden müssen. Der Lebenszyklus der Materialien beginnt zum Zeitpunkt des Extraktes der Materialien. Er geht weiter über die Herstellung und Verarbeitung, die Verwendung, Wiederverwendung und das Recycling und endet schließlich bei der Verwertung als Abfall.

5.5.3 Materialien für die Fertigstellung (3 Punkte)

- Ziel ist die Erkennung des Ursprungs von Materialien, die für die Fertigstellung der Bauarbeiten verwendet werden.

- Bewertungskriterien

Punkte werden vergeben, wenn der Ursprung der Materialien bekannt ist. 80 Prozent der Materialien in den folgenden Gebäudeabschnitten[57] sollten bekannt sein:

- Treppe

- Fenster

---

[56] Vgl. [08], S 36
[57] Vgl. [08], S 38

- Externe & Interne Türen

- Sockelleiste

- Vertäfelungen

- Möbel

- Jede andere verwenden.

Dies bedeutet, dass die Folgen und Auswirkungen der Verwendung von Materialien während dem Lebenszyklus berücksichtigt werden müssen.

5.6 Oberflächenwasser (4 Punkte)

5.6.1 Management des Abflusses von Oberflächenwasser (2 Punkte)

- Ziel ist die Entwicklung eines Planes zur Vermeidung, Verringerung und Verzögerung der Strömung des Regenwassers in den öffentlichen Abwasserkanälen. Dies gewährleistet geregelte Wasserläufe und verringert die Gefahr von Überschwemmungen, Verschmutzung und anderen Umweltschäden.

- Bewertungskriterien

Es sollte einen Management-Plan des Standortes entwickelt werden, sodass das Oberflächenwasser innerhalb bestimmten Kanälen fließt. Diese sollten dem „Code of Practice" für nachhaltige Drainage Systeme (SUDS)[58] (CIRIA, 2004)[59] entsprechen.

Bei Flächen, die kleiner als 200ha sind, sollte die Menge des abfließenden Oberflächenwassers mit dem „Code von Marshall und Bayliss (1994)" übereinstimmen.

Bei Flächen, die größer als 200ha sind, sollte die Menge des abfließenden Oberflächenwassers dem Code von " Centre for Ecology and Hydrology (1999)" entsprechen. Es ist auch erforderlich, dass die zusätzliche Menge des abfließenden Oberflächenwassers durch einen Management-Plan kontrolliert wird. Punkte werden vergeben, für die Verwendung von „SUDS" und für die Verbesserung der Maßnahmen bei Regenfällen.

---

[58] Sustainable drainage system
[59] Vgl. [08], S 39

5.6.2 Verringerung das Risiko einer Überschwemmung (2 Punkte)

- Dieses Kriterium soll dazu ermutigen, in Gebieten mit einem niedrigen Flutrisiko zu wohnen. Zudem sollen spezielle Maßnahmen ergriffen werden, um die negativen Auswirkungen in den Gebieten mit mittlerer oder höherer Überschwemmungsgefahr zu verringern.

- Bewertungskriterien

Punkte werden abhängig von dem Handlungsgrad mit der Überschwemmung vergeben. Die Gebäude befinden sich entweder in einem Gebiet mit einer niedrigen jährlichen Wahrscheinlichkeit von Überschwemmungen, oder in einem Gebiet wo es öfter zu Überschwemmungen kommt. In den zuletzt genannten Gebieten sollten passende Maßnahmen ergriffen werden, um die Auswirkungen der Überschwemmung zu verringern.

5.7 Abfälle (7 Punkte)

5.7.1 Speicherplatz für nicht-wiederverwendbare Abfälle und Recycling-Hausmüll (4 Punkte)

- Ziel des Kriteriums ist die Bereitstellung von geeigneten Plätzen für Mülltonnen im Hof oder im Keller eines Gebäudes, um nicht-wiederverwendbare Abfälle zu sammeln.

- Bewertungskriterien

Punkte werden für die Bereitstellung von einem Speicherplatz für nicht wiederverwendbare Abfälle vergeben. Zudem werden Punkte für die Bereitstellung von einem Speicherplatz für Recycling-Hausmüll vergeben. Es sollte außerdem ein externer und interner Speicherplatz für den Recycling-Hausmüll vorhanden sein. Zusätzliche Punkte werden für ein entsprechendes Facility Management vergeben. Dies trägt dazu bei, dass der Müll die Gesundheit der Bewohner nicht beeinträchtigt.

5.7.2 Abfallmanagement (3 Punkte)

- Ziel ist eine Verbesserung des Abfallmanagement-Plans im Zusammenhang mit den Anforderungen des „Site Waste Management Plan (SWMP)".

- Bewertungskriterien

Es ist erforderlich, einen Bewirtschaftungsplan für die Abfälle im Ort zu entwickeln und zu implementieren. Dies erfordert die Überwachung und Berichterstattung der erzeugten Abfälle bzw. die Einhaltung der Anforderungen der SWMP Vorschriften 2008[60]. Der Plan sollte auch die Anforderungen von WRAP[61], Envirowise[62], BRE[63] und DTI[64] enthalten. Der Bewirtschaftungsplan muss außerdem die Abfälle im Ort reduzieren. Er muss auch Verfahren und Verpflichtungen zur Sortierung der Abfälle beinhalten. Die Sortierung muss entweder im Ort oder über einen lizenzierten externen Auftragnehmer ausgeführt werden.

5.8 Umweltverschmutzung (4 Punkte)

5.8.1 Globale Erwärmung (GWP) (1 Punkt)

- Ziel ist die Verringerung der globalen Erwärmung.

- Bewertungskriterien

Der Punkt wird vergeben, wenn isolierenden Materialien, die eine GWP von oder weniger als 5 haben, in folgenden Bauelementen verwendet werden:

- Dächer

- Wände: Innen- und Außenwände

- Böden: einschließlich Boden und obere Etagen

- Heißwasserbehälter, isolierende Rohre und andere thermische Behälter

- Kaltwasserbehälter

- Externe Türen

5.8.2 NOx-Emissionen (3 Punkte)

- Ziel ist die Verringerung der Stickstoffoxid-Emissionen (NOx) in der Atmosphäre.

- Bewertungskriterien

---

[60] Code for sustainable home, Setting the standard in sustainability for new homes, S 44
[61] WRAP: The Requirements suite for setting SWMPs early within projects (client summary and waste minimisation and management guidance for delivering on the requirements): www.wrap.org.uk/construction
[62] Envirowise: GG642 An Introduction to Site Waste Management Plans www.envirowise.gov.uk
[63] BRE: SMARTWaste Plan (Site waste management planning tool), SMARTStart, waste benchmarks/EPIs and guidance: Reduction of Site Construction Waste, Recycling and Reuse of materials: A Site Guide and A Project Management Guide: www.smartwaste.co.uk
[64] Site Waste Management Plans, Guidance for Construction Contractors and Clients, Voluntary Code of Practice, DTI, 2004

Punkte werden vergeben, wenn geringe NOx-Emissionen aus den Heizungssystemen eines Gebäudes in die Luft abgegeben werden. Je weniger NOx-Emissionen in der Luft sind, desto mehr Punkte werden vergeben.

5.9 Gesundheit und Wohlbefinden (12 Punkte)

5.9.1 Tageslicht (3 Punkte)

• Ziel ist die Verbesserung der häuslichen Lebensqualität durch angenehmes Tageslicht und die Reduzierung des Energieverbrauches.

• Bewertungskriterien

Punkte werden vergeben, wenn in den Küchen, Wohnzimmern, Esszimmern und in allen als Büro bezeichneten Räumen minimal durchschnittliches Tageslicht vorhanden ist. Zudem sollten diese Räume über direktes Licht durch Öffnungen im Dach verfügen. Der Hintergrund dafür ist, dass Menschen angenehmes natürliches Licht in ihren Häusern erwarten. Tageslicht macht das Innendesign des Gebäudes attraktiver und interessanter. Außerdem ist das Vorhandensein von Tageslicht bei den täglichen häuslichen Tätigkeiten vorteilhaft für die Gesundheit. Die Nutzung von Tageslicht begünstigt zudem die Energieeffizienz. Die Qualität und Quantität des natürlichen Tageslichts in einem Gebäude hängen von der Gestaltung des inneren Designs (Größe und Position von Fenstern, Form der Zimmer, Farben der Wände) sowie der Gestaltung des externen Designs (Fassaden und Dächer) ab.

5.9.2 Schallschutz (4 Punkte)

• Ziel ist die Bereitstellung eines effektiven Schallschutzes.

• Bewertungskriterien

Punkte werden für die Erreichung der höheren Standards des Schallschutzes nach den angegebenen Vorschriften im „Approved DocumentE"[65] vergeben.

---

[65] Department for Communities and Local Government. Building Regulations Approved Document E – Resistance to the passage of sound (2003 edition incorporating 2004 amendments)

5.9.3   Private Flächen (1 Punkt)

- Ziel ist die Erhöhung der Lebensqualität für die Bewohner des Gebäudes. Dies geschieht durch die Bereitstellung von Räumen, die mindestens teilweise als privat verwendet werden.
- Bewertungskriterien

Der Punkt wird vergeben, wenn die privaten oder halbprivaten Innenräume folgende Kriterien einhalten:

- Sie haben eine spezifische Mindestgröße, die mit den Vorschriften übereinstimmt.
- Sie sind einfach erreichbar für alle Bewohner einschließlich deren die auf einen Rollstuhl angewiesen sind.
- Sie sind nur zugänglich für die Bewohner des Gebäudes.

5.9.4   Nachhaltiges Haus (4 Punkte)

- Ziel ist die Entwicklung eines angemessenen Gebäudedesigns. Das Gebäude wird dadurch einfach zugänglich für alle Bewohner und passt sich mit seinem Layout den Anforderungen der Zukunft an.
- Bewertungskriterien

Punkte werden vergeben, wenn alle Grundsätze für den Bau vom nachhaltigen Haus eingehalten werden.

5.10 Management (9 Punkte)

5.10.1 Bedienungsanleitung des Gebäudes (3 Punkte)

- Ziel ist die Ausarbeitung einer entsprechenden Anleitung, damit die Bewohner ihr Gebäude effizient benutzen können.
- Bewertungskriterien

Punkte werden vergeben, wenn eine einfache Anleitung oder ein Handbuch bereitgestellt wird. Das Handbuch umfasst die technischen Informationen über die Heizungs-, Lüftungs- (oder)und Beleuchtungsanlagen im Gebäude, damit die Mieter oder Besitzer des Gebäudes die Anlagen angemessen nutzen können.

5.10.2 Considerate Constructors Scheme (2 Punkte)

- Ziel ist die Förderung und Entwicklung des industriellen Standorts durch integrale Schemen unter Berücksichtigung der ökologischen und soziokulturellen Aspekte.

- Bewertungskriterien

Punkte werden vergeben, wenn integrale Schemen für den Standort unter Berücksichtigung eines nationalen oder lokalen anerkannten Zertifizierungsverfahrens wie z. B. Considerate Constructors Scheme (CCS)[66] erstellt werden. Das CCS berücksichtigt alle Standorte der Bau- oder Industrieaktivitäten, die eine direkte oder indirekte Auswirkung auf die Umwelt haben. Die wichtigsten Schemen-Schwerpunkte gliedern sich in drei Kategorien: Umwelt, Arbeitskräfte und Öffentlichkeit.

5.10.3 Strukturelle Auswirkung (2 Punkte)

- Ziel dieses Kriteriums ist die Förderung und Entwicklung des industriellen Standortes unter Berücksichtigung einer verringerten Umweltbelastung.

- Bewertungskriterien

Punkte werden vergeben, wenn solche Standorte anhand von bestimmten Verfahren weiterentwickelt werden. Diese Verfahren sollten mindestens zwei der folgenden Kriterien berücksichtigen:

- Überwachung und Kontrolle der CO2-Emission bzw. des Energieverbrauches in dem beobachteten Wohngebiet

- Überwachung und Kontrolle der CO2-Emission bzw. des Energieverbrauches in dem kommerziellen Standort

- Überwachung und Kontrolle des Wasserverbrauches in dem beobachteten Wohngebiet

- Entwicklung der optimalsten Verfahren zur Verringerung der Luftverschmutzung (Staub) in dem beobachteten Wohngebiet

- Entwicklung der optimalsten Verfahren zur Verringerung der Wasserverschmutzung in dem beobachteten Wohngebiet

---

[66] Vgl. [08], S 56

5.10.4 Sicherheit (2 Punkte)

- Ziel ist die Entwicklung der Wohngebiete und Beseitigung der Kriminalität und Unordnung, damit sich die Anwohner sicher fühlen können.

- Bewertungskriterien

Die Lebensqualität der Menschen soll nicht durch Kriminalität bzw. durch die Angst davor vermindert werden.

Punkte werden vergeben, wenn die Kriminalität so gut wie möglich verringert wird. Die Gebäude sollten daher eine Alarmanlage besitzen, die direkt mit einer Polizeistation verbunden ist. Außerdem sollte für jedes Wohngebiet eine Polizeistation zuständig sein.

5.11 Ökologie (9 Punkte)

5.11.1 Ökologischer Wert des Standortes (1 Punkt)

- Ziel ist die Entwicklung der Flächen oder der Gebiete, die für das Leben und Wohnen von Menschen geeignet sind. Jedoch bei Flächen oder Gebieten, die für Wildtiere geeignet sind, sollte eine weiterführende Entwicklung verhindert werden.

- Bewertungskriterien

Punkte werden vergeben, wenn der Standort ein Kriterium von den folgenden Kriterien erfüllt:

Entweder:[67]

- Durch die Einhaltung der minimalen ökologischen Eigenschaften des Standortes (Übereinstimmung mit der Prüfliste Eco 1 in die technische Leitlinien)

oder

- Durch Bestätigung eines entsprechend qualifizierten Ökologens

oder

- Wenn ein ökologischer Bericht über den Standortes von „Suitably Qualified Ecologist"[68] veröffentlicht wird, und darin bestätigt wird, dass die Konstruktion-Zone als ökologischer Wert definiert wird.

und

---

[67]   Vgl. [08], S 60
[68]   Vgl. [08], S 60

- Jede Fläche von ökologischem Wert, die außerhalb der Konstruktion-Zone aber innerhalb des entwickelten Standorts liegt, soll weiterhin nicht durch die Bauwerke negativ beeinflusst werden.

5.11.2 Ökologische Erweiterung (1 Punkt)

- Ziel ist die Verbesserung des ökologischen Wertes eines Standortes.

- Bewertungskriterien

Die Entwicklung und Verbesserung des allgemeinen Plans eines Standortes nach ökologischen Aspekten sollte mit den Anforderungen von „Suitably Qualified Ecologist" übereinstimmen.

Außerdem ist es in vielen Fällen möglich den ökologischen Wert des Standortes zu verbessern. Dies erfordert jedoch eine sorgfältige Berücksichtigung der Umgebungseigenschaften. Damit die Entwickler dies schaffen können, sollten sie alle wichtigsten Empfehlungen und 30 Prozent der zusätzlichen Empfehlungen von „Suitably Qualified Ecologist" durchführen.

5.11.3 Schutz der ökologischen Funktionen (1 Punkt)

- Ziel ist der Verringerung der Schäden auf die lokale Umwelt während der Bauarbeiten.

- Bewertungskriterien

In der Nähe der Baustellen gibt es häufig ökologische Standorte wie z.B. Parks. Diese müssen vor Schäden geschützt werden. Solche Schäden können durch Brände, Umweltverschmutzung, Wasserverschmutzung usw. auftreten. Es ist daher erforderlich, so gut wie möglich die Risiken solcher Beschädigungen zu verringern.

Der Punkt wird vergeben, wenn der Schutz solcher ökologischen Standorte gewährleistet wird.

5.11.4 Veränderung vom ökologischen Wert eines Standortes (4 Punkte)

- Ziel ist die Verbesserung der ökologischen Standorte

- Bewertungskriterien

Punkte werden vergeben, wenn der ökologische Wert vor und nach der Entwicklung abhängig vom Prozentsatz nach dem technischen Code berechnet wird.

5.11.5 Grundstücksfläche des Gebäudes (2 Punkte)

- Ziel ist die effiziente Nutzung der Grundstücksfläche durch die optimale Entwicklung des Grundstückes und der dafür verwendeten Materialien.

- Bewertungskriterien

Kredite werden vergeben, wenn das Verhältnis zwischen der Gebäudefläche zu der Grundstückfläche den technischen Vorschriften entspricht.

6 Vergleich und Bewertung der internationalen Nachhaltigkeitszertifikate DGNB, LEED und BREEAM

6.1 Vergleichende Analyse zwischen den internationalen Zertifizierungssystemen

In den vorhergehenden Kapiteln wurden die drei internationalen Zertifizierungs-systeme DGNB, LEED und BREEAM beschrieben. Außerdem wurden die jeweilige Struktur, die Bewertungskriterien bzw. die sogenannten Themenfelder sowie die detaillierten Kriterien und Bewertungsweisen ausführlich analysiert.

Dabei ist es festgestellt, dass alle Zertifizierungssysteme im Allgemeinen die Reduzierung der Co2-Emissionen, des Klimawandels und der Ressourcen-Knappheit, sowie die Verbesserung der Energie- und Rohstoffeffizienz fokussieren.

Dennoch hat jedes Zertifizierungssystem seine eigenen Schwerpunkte, die in diesem Kapitel aufzeigen werden.

6.1.1 Ziele der Zertifizierungssysteme

Die drei Zertifizierungssysteme, die sich nach dem „Green Building" Konzept richten, umfassen Ziele und entsprechenden Maßnahmen, um ökologische-, ökonomische- und technische Qualität zu erreichen.

Diese werden in der folgenden Übersicht dargestellt:

	Ziel	Maßnahmen
	• Klimaschutz	• Weniger CO2-Emission • Weniger fossile Brennstoffe • Weniger Gas Emissionen
	• Benutzung von erneuer-baren Energieressourcen	• Nutzung der Windkraft • Nutzung der Solarenergie • Nutzung von Photovoltaik • Nutzung der Geoenergie

	• Reduzierung des Energiebedarfs	• Gute Wärmedämmung • Effiziente Beleuchtungssysteme • Effizienter Wasserverbrauch • Integrale Kontrollsysteme
	• Materialen und Ressourcen	• Reduzierter Materialverbrauch • Recyclingfähigkeit • Schutz des Lebensraumes • Erhalt der verwendeten Materialien
	• Gesundheit und Komfort	• Gute Behaglichkeit • Guter thermischer Komfort • Guter visueller Komfort • Gute Luftqualität
	• Reduzierung des Wasserverbrauches	• Schutz der Wasserquellen • Benutzung von wassersparender Technik • Sammlung des Regenwassers • Filterung des Abwassers
	• reduzierte Nutzung von privaten Autos	• Ausbau der Fahrräder-Abstellplätze • Ausbau der Fahrradinfrastruktur • Reduzierung von Emissionen
	• Ökonomie (DGNB hat das allein bewertet)	• Reduzierung der Life-Cycle-Costs (LCC) • Wertstabilität am Markt
	• Abfallmanagement	• Verringerung der Abfälle • Abfalltrennung • Recycling der Abfälle • Schadstoffentsorgung

Die Schwerpunkte aller Zertifizierungssysteme liegen hauptsächlich auf den ökologischen und soziokulturellen Zielen oder Aspekten des „Grünen Bauens". Indem die DGNB gleich mehrere Schritte weiter geht und ökonomische Aspekte gleichwertig neben den ökologischen stellt, bringt sie die „ökonomische Aspekte" im deutschen Zertifizierungssystem. Die aktuelle Finanzkrise wirkt sich negativ auf die Bau- und Immobilienwirtschaft aus, sodass es erforderlich ist, die transparente Darstellung der Lebenszykluskosten anzuwenden. Von einer solchen Offenlegung wird insbesondere die Immobilienwirtschaft profitieren, denn sie erhält ein Instrument, mit dem sie die Betriebs-, Reinigungs- und Instandhaltungskosten eines Gebäudes erfassen kann. Zudem tritt die DGNB dem Gütesiegel den Beweis an, dass Qualität und Wirtschaftlichkeit sich nicht ausschließen, sondern perfekt harmonieren können.

Schemen-Darstellung aller Systeme

Abbildung 16: DGNB und ihre Themenfelder [69]

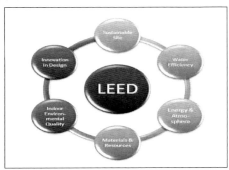

Abbildung 17: LEED und ihre Themenfelder [70]

---

[69] Eigene Darstellung
[70] Eigene Darstellung

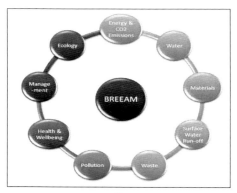

Abbildung 18: BREEAM und ihre Themenfelder [71]

Anhand der oben abgebildeten Schemen ist es zu bemerken, dass DGNB und LEED sechs Themenfelder berücksichtigen. BREEAM jedoch bewertet anhand von neun Themenfeldern.

- DGNB: In die Gesamtnote fließen fünf Themenfelder ein: ökonomische Qualität, ökologische Qualität, soziokulturelle und funktionale Qualität, technische Qualität und Prozessqualität. Die Standortqualität wird separat bewertet. Sie geht nicht in die Gesamtbetrachtung der Gebäudequalität ein, damit jedes Objekt ortsunabhängig bewertet werden kann.

- LEED: Alle Themenfelder haben einen Einfluss auf die Gesamtbewertung. Die Themenfelder haben aber nicht den gleichen Gewichtungsfaktor, sondern Jedes Themenfeld hat seine Punktezahl.

- BREEAM: Die neuen Themenfelder haben einen Einfluss auf die Gesamtbewertung mit verschiedener Punktezahl für jedes Kriterium.

6.1.2 Vergleich zwischen die Kriteriengruppen aller Systeme

In der nächsten Analyse werden die Zertifizierungssysteme DGNB, LEED und BREEAM, entsprechend der Wichtigkeit ihrer jeweiligen Kriterien miteinander verglichen. Die Analyse basiert auf dem Bewertungsgrad jedes Kriteriums in den drei Zertifizierungssystemen. Ausgegangen wird jeweils von den vorgegebenen Kriterien von DGNB.

---

[71] Eigene Darstellung

Der Vergleich basiert auf die Gewichtungsfaktoren jedes Kriteriums oder jeder Kriteriengruppen in jedem System. Der Gewichtungsfaktor zeigt die Wichtigkeit und den Bewertungsgrad jedes Kriteriums, der einen Einfluss auf die Gesamtnote der Bewertung hat. Der Vergleich geht wie folgende:

- DGNB: Jedes Kriterium hat einen Gewichtungsfaktor, der zwischen 0 bis 3 liegt. Die Schlüssel für den Vergleich werden auf 3 Ebenen verteilt:
  - Geringe Wichtigkeit wenn der Gewichtungsfaktor von 0 bis1 liegt
  - Mittlere Wichtigkeit wenn der Gewichtungsfaktor von 1 bis 2 liegt
  - Hohe Wichtigkeit wenn der Gewichtungsfaktor von 2 bis 3 liegt
- LEED: Jeder Kriteriengruppe hat einen Gewichtungsfaktor, der zwischen 0 bis 0,25 liegt. Die Schlüssel werden auch auf 3 Ebenen verteilt:
  - Geringe Wichtigkeit wenn der Gewichtungsfaktor von 0 bis 0,1 liegt
  - Mittlere Wichtigkeit wenn der Gewichtungsfaktor von 0,1 bis 0,2 liegt
  - Hohe Wichtigkeit wenn der Gewichtungsfaktor von 0,2 bis 0,3 liegt
- BREEAM: Jeder Kriteriengruppe hat einen Gewichtungsfaktor, der zwischen 0% bis 36,4% liegt. Die Schlüssel werden auch auf 3 Ebenen verteilt:
  - Geringe Wichtigkeit wenn der Gewichtungsfaktor von 0 bis 10% liegt
  - Mittlere Wichtigkeit wenn der Gewichtungsfaktor von 10% bis 20% liegt
  - Hohe Wichtigkeit wenn der Gewichtungsfaktor über 20% liegt

Schlüssel für den Vergleich:

1 = hohe Wichtigkeit

2 = mittlere Wichtigkeit

3 = geringe Wichtigkeit

n.b. = nicht beachtet

6.1.2.1 Vergleich der ökologischen Qualität

Nr.	Kriterien	DGNB v.2008	LEED-NC v.2.2	BREEAM Home
1	Treibhauspotenzial (GWP)	1	2	1
2	Ozonschichtabbaupotenzial (ODP)	3	n.b.	n.b.
3	Ozonbildungspotenzial (POCP)	3	n.b.	n.b.
4	Versauerungspotenzial (AP)	3	n.b.	n.b.
5	Überdüngungspotenzial (EP)	3	n.b.	n.b.
6	Risiken für die lokale Umwelt	1	n.b.	3
8	Sonstige Wirkungen auf die globale Umwelt	3	n.b.	n.b.
9	Mikroklima	3	2	3
10	Nicht erneuerbarer Primärenergiebedarf	1	1	1
11	Gesamtprimärenergiebedarf und Anteil erneuerbarer Primärenergie	2	1	1
14	Trinkwasserbedarf und Abwasseraufkommen	2	3	3
15	Flächeninanspruchnahme	2	2	2

Tabelle 5: Vergleich zwischen DGNB, LEED und BREEAM nach ökologischer Qualität [72]

Anhand dieser Tabelle zeigt sich, dass das Zertifizierungssystem von DGNB mehr Wert auf die ökologische Qualität als die Zertifizierungssysteme von LEED oder BREEAM legt. Der Grund dafür ist, dass DGNB mehr umweltorientierte Kriterien in ihrem System bewertet.

Sehr gut sichtbar ist dies vor allem bei den Kriterien 3 bis 6, die von BREEAM nur Mittel und von LEED überhaupt nicht beachtet werden.

---

[72] Eigene Darstellung

6.1.2.2 Vergleich der ökonomischen Qualität

Nr.	Kriterien	DGNB v.2008	LEED-NC v.2.2	BREEAM Home
16	Gebäudebezogene Kosten im Lebenszyklus	1	n.b	3
17	Wertstabilität	2	n.b.	n.b.

Tabelle 6: Vergleich zwischen DGNB, LEED und BREEAM nach ökonomischer Qualität [73]

Der Vergleich in der oberen Tabelle macht deutlich, dass der Wichtigkeitsgrad der beiden Kriterien bei DGNB sehr hoch ist. Die beiden anderen Zertifizierungssysteme LEED und BREEAM bewerten diese beiden Kriterien jedoch mit einem jeweils unterschiedlichen Wichtigkeitsgrad.

Zwei wichtige Ziele von DGNB und dem Bundesministerium für Verkehr, Bau und Stadtentwicklung sind die Stabilisierung der Immobilienwerte und die Erhöhung der Nachfrage auf dem Immobilienmarkt. Daher ist das Themenfeld ökonomische Qualität für DGNB von großer Bedeutung und wird dementsprechend mit einer hohen Wichtigkeit bewertet.

Im Vergleich zu den anderen Zertifizierungssystemen wird ausgezeichnet, wenn ein Bauwerk normative Vorgaben ökologisch oder soziokulturell relevanter Aspekte in hohem Maße erfüllt. Dem Gütesiegel tritt die DGNB den Beweis an, dass Qualität und Wirtschaftlichkeit sich nicht ausschließen, sondern perfekt harmonieren können. So wird Nachhaltigkeit auch zu einem zukunftsweisenden Schlüsselfaktor für den Erfolg deutscher Unternehmen.

---

[73] Eigene Darstellung

6.1.2.3 Vergleich der soziokulturellen und funktionalen Qualität

Nr.	Kriterien	DGNB v.2008	LEED-NC v.2.2	BREEAM Home
18	Thermischer Komfort im Winter	2	1	2
19	Thermischer Komfort im Sommer	1	1	2
20	Innenraumhygiene	1	1	2
21	Akustischer Komfort	3	n.b.	2
22	Visueller Komfort	1	2	n.b.
23	Einflussnahme des Nutzers	2	2	2
24	Dachgestaltung	3	n.b.	n.b.
25	Sicherheit und Störfallrisiken	3	n.b.	2
26	Barrierefreiheit	2	n.b.	n.b.
27	Flächeneffizienz	3	2	2
28	Umnutzungsfähigkeit	2	n.b.	n.b.
29	Zugänglichkeit	2	n.b.	2
30	Fahrradkomfort	3	2	3
31	Sicherung der gestalterischen und städtebaulichen Qualität im Wettbewerb	1	3	n.b.
32	Kunst am Bau	3	n.b.	n.b.

Tabelle 7: Vergleich zwischen DGNB, LEED und BREEAM nach soziokultureller und funktionaler Qualität [74]

Anhand dieser Tabelle lässt sich erkennen, dass nicht alle Kriterien von LEED und BREEAM denen von DGNB entsprechen. Die Kriterien Dachgestaltung, Barrierefreiheit, Umnutzungsfähigkeit und Kunst am Bau werden von den ersten beiden Zertifizierungssystemen gar nicht beachtet.

Das liegt u.a. daran, dass sich die Anforderungen auf dem deutschen Immobilienmarkt wie z.b. das Kriterium „Kunst am Bau" nach den Bedürfnissen der Kunden richten. Die Investoren versuchen somit immer die Bedürfnisse der Kunden zu erfüllen und das ist genau ein Ziel von vielen Zielen, das DGNB mit ihrem Zertifizierungssystem erreichen will. In Großbritannien z.B. sind die Anforderungen der Immobilienmarkt ein bisschen

---

[74] Eigene Darstellung

anderes wie in Deutschland. Die Regierung und die Investoren interessieren sich für die Erfüllung andere Kriterien mehr als die oben genannten Kriterien. Das Traditionelle Denken an die allgemeine Ansicht der Gebäude ist der Hauptgrund dafür.

6.1.2.4 Vergleich der technischen Qualität

Nr.	Kriterien	DGNB v.2008	LEED-NC v.2.2	BREEAM Home
33	Brandschutz	2	2	n.b.
34	Schallschutz	2	n.b.	2
35	Energetische und feuchteschutztechnische Qualität der Gebäudehülle	2	1	1
40	Reinigungs- und Instandhaltungsfreundlichkeit des Baukörpers	2	n.b.	n.b.
42	Rückbaubarkeit, Recyclingfreundlichkeit, Demontagefreundlichkeit	2	2	3

Tabelle 8: Vergleich zwischen DGNB, LEED und BREEAM nach technischer Qualität [75]

Der größte Unterschied zwischen den drei Zertifizierungssystemen liegt hier bei dem Kriterium Reinigungs- und Instandhaltungsfreundlichkeit des Baukörpers. LEED und BREEAM beachten dieses Kriterium überhaupt nicht.

DGNB jedoch hat erkannt, dass es einen hohen Einfluss auf die Kosten sowie auf die Umwelteinwirkung eines Bauwerkes hat. Zudem führt die Reinigung und Instandhaltung des Baukörpers zu einer maximal möglichen Lebensdauer des Gebäudes und spart außerdem Mehrkosten.

Aus diesen Gründen hat DGNB dieses Kriterium zusätzlich zu seinen Kriterien hinzugefügt und bewertet es nun mit einer entsprechenden Wichtigkeit.

---

[75] Eigene Darstellung

6.1.2.5 Vergleich der Prozessqualität

Nr.	Kriterien	DGNB v.2008	LEED-NC v.2.2	BREEAM Home
43	Qualität der Projektvorbereitung	1	2	n.b.
44	Integrale Planung	1	n.b.	n.b.
45	Optimierung und Komplexität der Herangehensweise in der Planung	1	2	2
46	Nachweis der Nachhaltigkeitsaspekte in Ausschreibung und Vergabe	2	n.b.	n.b.
47	Schaffung von Anforderungen für eine optimale Nutzung	2	n.b.	n.b.
48	Baustelle/Bauprozess	2	2	2
49	Qualität der ausführenden Firmen/ Präqualifikation	2	n.b.	n.b.
50	Qualitätssicherung der Bauausführung	1	n.b.	2
51	Systematische Inbetriebnahme	1	2	n.b.

Tabelle 9:Vergleich zwischen DGNB, LEED und BREEAM nach Prozessqualität[76]

Bei diesem Vergleich fällt auf, dass das Themenfeld „Integrale Planung" als Kriterien-gruppe in den Systemen LEED und BREEAM nicht voll beachtet wird, sondern nur einzelne Kriterien in verschiedenen Themenfeldern. Für DGNB ist es jedoch von mittlerer Wichtigkeit, da sie der Meinung sind, dass die Realisierung der nachhaltigen Gebäude in Deutschland abhängig von der Optimierung des Planungsablaufs ist.

Wichtig ist dabei eine verbesserte Abstimmung zwischen allen Beteiligten des Projektes wie z.B. Investoren, Projektentwicklern, Nutzern und Dritten. Deshalb müssen alle Projektphasen, von der Projektentwicklung bis zum Abbruch des Gebäudes, genau-estens von einem integralen Projektteam beobachtet werden.

---

[76] Eigene Darstellung

6.1.2.6 Vergleich der Standortqualität

Nr.	Kriterien	DGNB v.2008	LEED-NC v.2.2	BREEAM Home
56	Risiken am Mikrostandort	2	2	3
57	Verhältnisse am Mikrostandort	2	2	n.b.
58	Image und Zustand von Standort und Quartier	2	2	2
59	Verkehrsanbindung	1	2	n.b.
60	Nähe zu nutzungsspezifischen Einrichtungen	2	2	2
61	Anliegende Medien, Erschließung	2	n.b.	n.b.

Tabelle 10: Vergleich zwischen DGNB, LEED und BREEAM nach Standortqualität [77]

Der gesamte Vergleich dieser Kriterien zeigt, dass die Systeme DGNB und LEED fast alle Kriterien umfassend erfüllen haben. Da sich das BREEAM-Zertifizierungssystem seit Oktober letztes Jahr auf dem internationalen Immobilienmarkt orientiert hat, berücksichtigt es natürlich nicht alle Anforderungen des Immobilienmarktes in Deutschland. DGNB ist jedoch im Moment am deutschen Immobilienmarkt tätig, sodass für das deutsche Zertifizierungssystem entsprechende Kriterien noch zusätzlich berücksichtigt werden müssen.

6.1.3 Unterschiedliche Schwerpunkte zwischen die Zertifizierungssysteme

Als Ergänzung zu dem Vergleich der Bewertungskriterien, zeigt die nächste Tabelle die wichtigsten allgemeinen Unterschiede zwischen den Zertifizierungssystemen DGNB, LEED und BREEAM

---

[77] Eigene Darstellung

Zertifizierungssystem	DGNB	LEED	BREEAM
Gründungsjahr:	2008	1995	1990
Organisation:	Deutsche Gesellschaft für nachhaltiges Bauen e.V.	U.S. Green Building Council	U.K. Green Building Council
Bedeutung der Abkürzung:	**D**eutsches **G**ütesiegel **N**achhaltiges **B**auen	**L**eadership in **E**nvironmental and **E**nergy **D**esign	**B**uilding **R**esearch **E**stablishment **E**nvironmental **A**ssessment **M**ethod
Logo des Zertifizierungssystems:	DGNB [78]	[79]	breeam [80]
Kriteriengruppen:	1. Ökologische Qualität (22,5%) 2. Ökonomische Qualität (22,5%) 3. Soziokulturelle Qualität (22,5%) 4. Technische Qualität (22,5%) 5. Prozessqualität (10%) 6. Standortqualität (separat)	1. Nachhaltige Standorte (14 Punkte) 2. Wassereffizienz (5 Punkte) 3. Energie & Atmosphäre (17 Punkte) 4. Materialien und Ressourcen (13 Punkte) 5. Qualität der Innenräume (15 Punkte) 6. Planungsprozess und Innovation (5 Punkte)	1. Energie & CO$_2$ Emission (29 Punkte) 2. Wasser (6 Punkte) 3. Materialien (24 Punkte) 4. Oberflächenwasser (4 Punkte) 5. Abfälle (7 Punkte) 6. Verschmutzung (4 Punkte) 7. Gesundheit und Komfort (12 Punkte) 8. Management (9 Punkte) 9. Ökologie (9 Punkte)

---

[78] Vgl. [URL9]
[79] Vgl. [URL10]
[80] Vgl. [URL11]

Versionen:	1. 2008 2. 2009	1. LEED for New Construction 2. LEED for Existing Buildings 3. LEED for Commercial Interiors 4. LEED for Core and Shell 5. LEED for Homes 6. LEED for Neighborhood Development 7. LEED for Schools 8. LEED for Retail	1. BREEAM Courts 2. BREEAM EcoHomes 3. BREEAM Education 4. BREEAM Industrial 5. BREEAM Healthcare 6. BREEAM Multi-Residential 7. BREEAM Offices 8. BREEAM Prisons 9. BREEAM Retail
Prädikat:	1. Gold (> 85%) 2. Silber (65-84,9%) 3. Bronze (50-64,9%)	1. Platin (>80%) 2. Gold (60-79,9%) 3. Silber (50-59,9%) 4. Zertifiziert (40-49,9%)	1. Excellent (>71%) 2. Very Good (56-70,9%) 3. Good (41-55,9%) 4. Pass (25-40,9%)

Tabelle 11: Gegenüberstellung der Zertifizierungssysteme [81]

6.2 Verbreitung der Zertifizierungssysteme auf dem nationalen und internationalen Immobilienmarkt

Für den langfristigen Erfolg muss ein Bewertungssystem daher in der Lage sein, den Marktteilnehmern die Korrelation zwischen nachhaltigen Objektqualitäten einerseits und Rentabilität und Risiken andererseits eindeutig begreifbar zu machen. LEED und BREEAM sind angetreten, eine primär technisch-ökologisch definierte Performance abzubilden. Im Vergleich hierzu geht das deutsche Siegel einen Schritt weiter, indem es

---

[81] Eigene Darstellung

sozial-funktionale und ökonomische Objektqualitäten mit in die Bewertung einfließen lässt.

International am bekanntesten ist aber das in den USA entwickelte Zertifizierungssystem LEED. Nach diesem System wurden weltweit rund 2500 Gebäude, davon der Großteil in den USA zertifiziert. Ebenfalls weit verbreitet ist das britische Zertifizierungssystem BREEAM.

Obwohl LEED für Investoren fast immer das angestrebte Zertifizierungssystem ist, findet am deutschen Immobilienmarkt ein starker Wettbewerb zwischen den drei Zertifizierungssystemen DGNB, LEED und BREEAM statt.

Die deutsche Gesellschaft für nachhaltiges Bauen (DGNB) versucht daher weiterhin sich national und international auf dem Immobilienmarkt als Leitsystem für Nachhaltigkeit zu etablieren, besonders nach Consense 2009 in Stuttgart.

Einige Entwickler und Investoren lassen ihre Objekte mittlerweile doppelt zertifizieren. So erhielt z.b. die VIVICO Real Estate für ihr Projekt „Tower 185" in Frankfurt ein Gold-Zertifikat von LEED sowie ein Silber-Vorzertifikat von DGNB.

Aber Gegenüber anderen internationalen Zertifikaten zeige das deutsche Siegel weitere Vorteile: Es greift ökonomische Themen wie Werterhalt auf und gibt Bauherren und Planern einen großen Spielraum, um die Zielvorgaben erreichen zu können. Außerdem ermöglicht es, die künftige europäische Gesetzgebung und Normung für nachhaltiges Bauen aufzunehmen, und schafft auf diese Weise Sicherheit für Investoren, Betreiber und Nutzer.

6.2.1   Verbreitung von LEED auf dem Immobilienmarkt

Derzeit stärkstes Zertifizierungssystem ist LEED, das sich aufgrund seiner einfachen Systematik und einer Vielzahl von Systemapplikationen auf den internationalen Immobilienmärkten wachsender Beliebtheit erfreut. LEED ermöglicht eine klare Darstellung nachhaltiger Qualitäten eigengenutzter Büroneubauten, spekulativ errichteter Immobilien, Innenausbauten sowie des Gebäudebetriebs im Bestand.

Die Schnelle Verbreitung und das Wachstum von LEED werden nicht in den USA begrenzt, sondern haben in den letzten Zehn Jahren außer USA schnell verbreitet.

Mittlerweile weist die Organisation USGBC weltweit ca. 16.700 Mitglieder und mehr als 26.000 registrierte Projekte auf. Diese angemeldeten Projekte, werden eingeteilt in ca. 13.700 Büro- und Verwaltungsgebäude, von denen ca. 1.700 ein Zertifikat erhalten haben, sowie ca. 12.600 Wohngebäude, von denen ca. 825 ein Zertifikat erteilt wurde[82]. Die LEED-Projekte befinden sich mittlerweile in 41 Ländern. Auch in Deutschland wurden bereits zahlreiche Projekte durch LEED zertifiziert.

Die folgenden Diagramme zeigen die Anzahl der zertifizierten Projekte in Deutschland im Vergleich zu deren Anzahl in den USA.

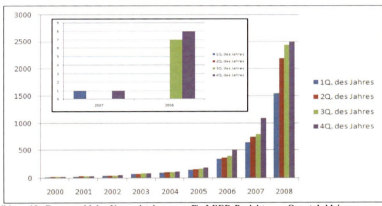

Abbildung 19: Gesamtzahl der Neuregistrierungen für LEED-Projekte pro Quartal; kleine Abbildung: Anzahl der Neuregistrierungen für LEED-Projekte in Deutschland pro Quartal [83]

6.2.2 Verbreitung von BREEAM auf dem Immobilienmarkt

BREEAM ist die führende und weltweit die verbreitetste ökologische Bewertungsmethode für Gebäude. Es wird bereits seit mehr als 15 Jahren in Großbritannien verwendet. Am häufigsten wird das Zertifizierungssystem in Großbritannien für den Bau von Wohngebäuden, Schulen und Bürogebäuden usw. genutzt.

Die Building Research Establishment Environmental Assessment Method (BREEAM) liegt seit Herbst letzten Jahres 2008 in internationaler Fassung vor. Zudem steht ein Erfolg insbesondere bei der Bewertung von Einzelhandels- und Mischnutzungsobjekten in Großbritannien und ist in Kontinentaleuropa zu erwarten.

---

[82]   Vgl. [URL12]
[83]   Vgl. [09]

Außerdem hat die niederländische Gesellschaft für nachhaltiges Bauen Im Oktober letzten Jahres mitgeteilt, dass das BREEAM-System in den Niederlanden angenommen wurde. Zur Anpassung der Methodik laufen Bemühungen in Irland, der Türkei, Spanien, Dänemark, Norwegen, Schweden, Finnland und Island an.

Als erstes Projekt in Europa wurde Campus M Business Park[84] mit dem Zertifikat BREEAM Excellent für die Designphase ausgezeichnet. Das Projekt ist Teil des Business Parks „Am Moosfeld", ein Class A Büro- und Technologiekomplex im Osten Münchens.

Mit knapp 700.000 registrierten Projekten bei UKGBC und ca. 100.000[85] zertifizierten Gebäuden im Großbritannien steht das Zertifizierungssystem im Vergleich mit anderen Systemen auf dem ersten Platz nach der Anzahl der zertifizierten Gebäude.

6.2.3 Verbreitung von DGNB auf dem Immobilienmarkt

Mit der Einführung des Gütesiegels der Deutschen Gesellschaft für Nachhaltiges Bauen (DGNB) verfügt nun auch die lokale Bau- und Immobilienmarkt seit Januar 2009 über ein eigenes Siegel für Nachhaltiges Bauen. Gerade einmal die Pilotphase durchlaufen, liegt es in seiner ersten Fassung für Büro- und Verwaltungsbauten. Die Übergabe der ersten Zertifikate fand Anfang 2009 statt. National versucht DGNB sich als Leitsystem auf dem deutschen Immobilienmarkt zu etablieren, besonders da das DGNB-Zertifizierungssystem die Eigenschaften des Markts berücksichtigt und es Investoren, Nutzern oder Dritten, anbietet ihre Bedürfnisse zu erreichen. Die aktuelle Anzahl der Mitglieder beträgt ca. 631[86], davon sind ca. 125 Gründungsmitglieder. Die Anzahl der zertifizierten Projekte in Deutschland beträgt 44[87].

Diese haben jeweils die nachfolgenden Zertifizierungsarten erhalten.

* Gold: 18 Projekte

* Silber: 22 Projekte

* Bronze: 4 Projekte

---

[84]   Vgl. [URL13]
[85]   www.breeam.org [14:10 21.07.2009]
[86]   www.dgnb.de [14:20 21.07.2009]
[87]   Vgl. [URL14]

Abbildung 20: Prozentuale Aufteilung der Zertifizierungsart aller bisher zertifizierten Gebäude in Deutschland [88]

Laut einer Umfrage auf 180 Bauunternehmen plant eins von fünf Unternehmen, seinen Umfang an „Green Facility" in den nächsten fünf Jahren zu verdoppeln. Außerdem haben ca. 62% aller befragten Unternehmen Interesse daran, ihre Projekte in der Zukunft bei DGNB zertifizieren zu lassen.[89]

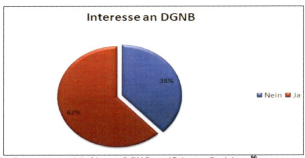

Abbildung 21: Interesse an zukünftig von DGNG zertifizierten Projekten [90]

Neben der nationalen Anwendung des deutschen Zertifizierungssystems strebt die DGNB jedoch eine weltweite Verbreitung des Zertifikats an. Interesse am deutschen Zertifizierungssystem zeigt, dass sich schon verschiedene Länder angemeldet haben. Erste Zertifizierungsprojekte gibt es in Österreich und Luxemburg, erste Kooperations-verträge für eine Systemübertragung nach Österreich und nach China wurden während der Consense 2009 in Stuttgart vereinbart. Der Erfolg des deutschen Zertifikats im

---

[88] Eigene Darstellung
[89] Befragung von Ernst & Young Real Estate im Juli 2008
[90] Eigene Darstellung

Vergleich zur internationalen Konkurrenz wird sich noch zeigen müssen, besonders mit dem starken Wettbewerb der internationalen Zertifizierungssysteme. Weil das deutsche Zertifizierungssystem, das für die immobilienwirtschaftliche Beurteilung bedeutende Spektrum der ökonomischen und soziokulturellen Qualitäten, sehr umfangreich berücksichtigt wird, weisen LEED und BREEAM gerade unter diesen Bewertungskriterien Lücken auf. Deshalb hilft DGNB, das System weltweit zu verbreiten.

6.3   Die Vorteile der Nachhaltigkeitszertifikate

Der Sinn des nachhaltigen Bauens liegt in der Minimierung des Verbrauchs von Energie und Ressourcen. Berücksichtigt werden dabei alle Lebenszyklusphasen eines Gebäudes. Dabei wird die Optimierung sämtlicher Einflussfaktoren auf den Lebenszyklus angestrebt: von der Rohstoffgewinnung über die Errichtung bis zum Rückbau. Die Gebäude, die keine Green Building- Aspekte anwenden, verwenden Wasser von ca. 17%, Holz von ca. 25%, Energie von ca. 35% und Materialien von ca. 45% mehr als die nachhaltigen Gebäude.[91]

Diese Anteile sind sehr hoch, deshalb ist die Nachhaltigkeit eine notwendige Anforderung, um die CO2-Emission und den Energieverbrach zu reduzieren.

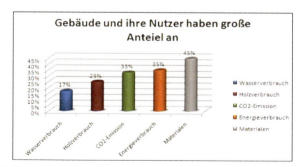

Abbildung 22: Die Auswirkungen von Gebäuden und ihren Nutzern auf die Umwelt[92]

---

[91]   Die Angabe laut www.usgbc.org [15:05 21.07.2009]
[92]   Eigene Darstellung

6.3.1 Vorteile der Nachhaltigkeit

Die Vorteile der Nachhaltigkeit im Baubereich können auf verschiedene Ebenen verteilt werden. Jede Ebene umfasst bestimmten Beteiligten an dem Nachhaltigkeitsprozess.

6.3.1.1 Für die Gesellschaft

- Reduzierung der CO_2-Emissionen
- Reduzierung des Energieverbrauches
- Verbesserung des Klimas
- Effiziente Flächennutzung
- Erhalt der Wälder und Ressourcen
- Erhöhung der Lebensqualität
- Umweltschonung

6.3.1.2 Für die Investoren und Projektentwickler

Hauptvorteile sind die höhere Rendite eines Projektes und die Reduzierung von Betriebskosten. Weitere Vorteile sind:

- Geringere Bewirtschaftungskosten
- Geringeres Leerstandrisiko
- Höheres Mietsteigerungspotenzial
- Geringere Prozesskosten und Lebenszykluskosten
- Geringeres Risiko des Ausfalls von technischen Gebäudesystemen
- Höhere Immobilienwerte
- Gute bis bessere Vermarktung
- Größere Planungssicherheit

6.3.1.3 Für die Bauunternehmen

Wenn Bauunternehmer die Nachhaltigkeit in ihren Strategien anwenden, erhöhen sie ihre Marktchancen und somit die Möglichkeit viele Projekte von Investoren zu bekommen. Weitere Vorteile:

- Steigerung des Wettbewerbs auf dem Markt
- Erhöhung des Kundeninteresses
- Planungs- und Ausführungssicherheit

- Qualitätssicherheit
- Höhere Vermarktung
- Höhere Rendite
- Reduzierung der Bauabfälle durch Recycling

6.3.1.4 Für Nutzer

Das was die Nutzer an einem Gebäude wirklich interessiert, ist der gute Komfort. Weitere Vorteile sind:

- Gesteigerte Produktivität durch Mitarbeiterzufriedenheit und niedrigen Krankenstand
- Sicherung der Behaglichkeit und dem Wohlbefinden im Gebäude
- Versorgung der technischen Anlagen
- Mehr Sicherheit über zukünftige Kosten

6.3.2 Die Vorteile der DGNB- und LEED-Zertifizierungssystem

6.3.2.1 Vorteile des DGNB-Zertifizierungssystems

Das deutsche Zertifizierungssystem DGNB hat eigene Vorteile, die sich nicht in dem LEED- oder BREEAM-Zertifizierungssystem befinden. Die Vorteile sind:

1. Integrale Qualität:

DGNB bewertet durch ihr System die Gesamtqualität während des Lebenszyklus, außerdem wird das Bewusstsein für Gesamtqualität gesteigert.

2. Verbesserte Bauindustrie:

Durch die Kontrolle der CO2- Emission, hat DGNB das Image der Bauindustrie in Deutschland und weltweit verbessert.

3. Integrale Betrachtung:

Das Zertifizierungssystem von DGNB betrachtet die gesamten Bautätigkeiten und integriert alle bekannten Aspekte des nach-haltigen Bauens.

4. Wertstabilität:

Mit den ökonomischen Aspekten versucht DGNB die Immobilienwerte am Markt zu stabilisieren.

6.3.2.2 Vor- und Nachteile des LEED-Zertifizierungssystems

Die Vorteile des LEED-Zertifizierungssystems

1. Einfachheit:

Das Zertifizierungssystem LEED ist einfach anzuwenden und die Ergebnisse der Bewertung sind einfach zu bearbeiten.

2. Verschiedene Versionen:

USGBC hat ihr Zertifizierungssystem LEED entwickelt und verschiedene Versionen veröffentlicht, die sich an alle Baubranchen anpassen.

3. Nachfrage:

Da LEED-Zertifizierungssystem einfach anzuwenden ist, besteht auf dem Immobilienmarkt eine hohe Nachfrage für LEED.

LEED hat aber gleichzeitig eigene Nachteil, die sind:

1. Fehlende Übersicht:

LEED ermöglicht keine umfassende Übersicht über das Gebäude.

2. Fehlende Gesamtbetrachtung:

LEED betrachtet nicht den gesamten Lebenszyklus eines Gebäudes.

Fazit

Das DGNB-Zertifizierungssystem hat nur Vorteile ohne Nachteile und im Vergleich zu dem LEED-Zertifizierungssystem, das neben den Vorteile eigene Nachteile hat, hat DGNB eine große Chance, um international bzw. national zu verbreiten. Die Vorteile der DGNB zeigen auch, dass das deutsche System fast alle fehlenden Punkte der anderen Systeme berücksichtigt hat. Das erhöht also die zukünftige Nachfrage nach diesem System in internationalem Immobilienmarkt.

6.4   Kosten und Personalaufwand

Da die Nutzungsphase einen großen Anteil an dem Gesamtlebenszyklus eines Gebäudes besitzt, fallen in dieser Phase normalerweise sehr hohe Kosten an.

Ein Vorteil der Nachhaltigkeit im Baubereich ist jedoch die Reduzierung der Betriebs- und Bewirtschaftungskosten während der Nutzungsphase. Die praktische Betrachtung der Kosten in der Nutzungsphase der verschiedenen Projekte zeigt, dass diese ca. 80% der gesamten Kosten des Projektes darstellen.

Diese Kosten werden vor allem durch einen hohen Energieverbrauch, sowie durch Renovierung, die 2-3 Mal während der Nutzungsphase stattfindet, verursacht. Deshalb versucht die Nachhaltigkeit nicht nur einzelne Gesichtspunkte zu optimieren, sondern strebt eher eine Optimierung der Gesamtkosten an. Diese beinhalten die Kosten für Gebäudekörper, Gebäudehülle, Innenwände, Böden, Decken, Speichermassen, Anlagen der technischen Gebäudeausrüstung und Gebäudetechnik.

Das folgende Diagramm zeigt die entstehenden Kosten in jeder Phase des Lebenszyklus eines Projektes.

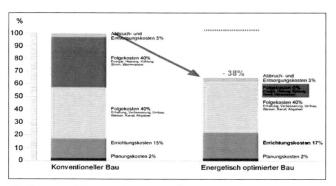

Abbildung 23: Kostenentwicklung im Lebenszyklus [93]

Hinsichtlich der Lebenszykluskosten eines Gebäudes fällt auf, dass für die Erstellungs- und Planungskosten gerade mal 17% anfallen, hingegen für Unterhalt und Erneuerung 40% und für die Heizenergie ebenfalls 40%. 3% muss für den Rückbau zurückgestellt werden. Im Vergleich zu einem nachhaltigen Gebäude, dessen Erstellungskosten zwar um 10% höher liegen, das entspricht 1,5% der Lebenszykluskosten, können ca. 38% der Kosten in Form von nicht benötigter Energie eingespart werden.

---

[93] Henning Discher, Green Building – Programm der europäischen Kommission in Freiburg am 13.02.2009

126

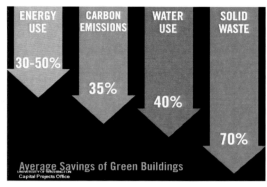

Abbildung 24: Durchschnittliche Einsparung der Ressourcen [94]

6.4.1 Die Kosten des Nachhaltigen Bauens

1. Registrierungsgebühren (bei DGNB, LEED oder BREEAM)
2. Zertifizierungsgebühren (Prüfung der Kriterien)
3. Höhere Erstellungskosten ca. 2-3% als die Erstellungskosten eines konventionellen Bauens (Herstellungs- und Modernisierungskosten, Nutzungskosten, Kosten für Außenanlagen, Kosten für Abbruch und Entsorgung)

6.4.1.1 Kosten des LEED-Zertifizierungssystems

- **Registrierungsgebühren**

Die Registrierungsgebühren bei USGBC sind ca. $ 450 bzw. $ 650 pro jedes Projekt

- **Zertifizierungsgebühren**
  - o Für neuen Bau

	Nutzungsfläche kleine ~ 5.000 m²	~5.000 m² bis 50.000 m²	Nutzfläche größer ~50.000 m²
Mitglied	$ 1.750	$ 0,35/m²	$ 17.500
Nicht-Mitglied	$ 2.250	$ 0,45/m²	$ 22.500

Tabelle 12: Zertifizierungsgebühren für neuen Bau [95]

---

[94] Capital projects office, Universität Washington
[95] www.usgbc.org [09:20 26.08.2009]

o   Für bestehenden Bau

	Nutzungsfläche kleine ~ 5.000 m²	~5.000 m² bis 50.000 m²	Nutzfläche größer ~50.000 m²
Mitglied	$ 1.250	$ 0,25/m²	$ 12.500
Nicht-Mitglied	$ 1.500	$ 0,30/m²	$ 15.000

Tabelle 13: Zertifizierungsgebühren für bestehenden Bau[96]

o   Weitere potentielle Kosten

   ▪   Einzelne Bewertung: $ 500 pro Kriterium

   ▪ $ 10.000 Pauschale

6.4.1.2 Kosten des BREEAM-Zertifizierungssystems

●   **Registrierungsgebühren**

Die Registrierungsgebühren bei UKGBC sind ca. $ 375

●   **Zertifizierungsgebühren**

Die folgenden Zertifizierungsgebühren sind für ein privates Haus

	Guter Standort	Schlechter Standort
Pass	£ 0	£ 76
Good	£ 228	£ 684
Very Good	£ 988	£ 2.356
Excellent	£ 3.192	£ 5.244

Tabelle 14: Zertifizierungsgebühren für privates Haus[97]

6.4.1.3 Kosten des DGNB-Zertifizierungssystems

●   **Registrierungsgebühren**

Die Registrierungsgebühren bei DGNB sind von 500 € bis 5.000 €, je nach Mitglied-schaftskategorie

●   **Zertifizierungsgebühren**

Es gibt verschiedene Zertifizierungsgebühren der DGNB je nach Gebäudetyp.

Zertifizierungsgebühren für Neubau Büro- und Verwaltungsbauten Version 2009[98]

---

[96]   www.usgbc.org [09:22 26.08.2009]
[97]   www.breeam.org [09:30 26.08.2009]
[98]   www.dgnb.de [20:40 27.08.2009]

o Mitglieder der DGNB

Projektgröße (BGF in qm)	<1.000	1.000-10.000	=10.000	10.000-25.000	>25.000
Vorzertifikat	2.000€	2.000€ + 0,61€/qm	7.500€	7.500€ + 0,17€/qm	10.000€
Zertifikat	3.000€	3.000€ + 1,33 €/qm	15.000€	15.000€ +0,67 €/qm	25.000€

Tabelle 15: Zertifizierungsgebühren für Mitglieder der DGNB

o Nicht-Mitglieder der DGNB

Projektgröße (BGF in qm)	<1.000	1.000 - 10.000	=10.000	10.000-25.000	>25.000
Vorzertifikat	4.000€	4.000€ + 0,61€/qm	9.500€	9.500€ + 0,17€/qm	12.000€
Zertifikat	6.000€	6.000€ + 1,33 €/qm	18.000€	18.000€ + 0,67 €/qm	28.000€

Tabelle 16: Zertifizierungsgebühren für Nicht-Mitglieder der DGNB

Die Kostenüberstellung zeigt, dass BREEAM-Zertifizierungssystem ist billiger als LEED- oder DGNB-Zertifizierungssystem. Der Unterschied der Registrierung zwischen BREEAM und die beiden anderen Systeme liegt bei ca. 200 € zu LEED und ca. 150 € zu DGNB.

Die Zertifizierungsgebühren des BREEAM-System haben großen Unterschied zu LEED oder DGNB. Die BREEAM-Zertifizierungsgebühren werden nach zwei Kriterien angesetzt, die die Qualität des Standortes und der Bewertungsgrad sind. Andererseits sind die Zertifizierungsgebühren von LEED und DGNB fast identisch.

6.4.2 Einfluss der Nachhaltigkeit auf die Bau- und Immobilienwirtschaft

Mit nachhaltigen Bauten können die Bauunternehmen ihr Corporate Image nach außen sichtbar machen. Angestrebt werden im Immobilienmarkt stabile Bruttomieten, in denen die Heiznebenkosten bereits enthalten sind. Daraus profitieren in erster Linie die Mieter, weil sie vor Nebenkostenerhöhungen gefeit sind und so ihr privates Budget besser planen können. Gleichzeitig entstehen Mietwohnungen mit einem wesentlich höheren Wohnkomfort. Dem Investor gibt es den Vorteil, in Zukunft auf dem Wohnungsmarkt mit stabileren Mieten, unabhängig vom Ölpreis, einen großen Marktvorteil besitzt.

Außerdem sind viele Gebäude in Deutschland noch weit von den mittlerweile für Neubauten üblichen energetischen und ökologischen Standards entfernt. Dabei können durch fachgerechtes Sanieren und moderne Gebäudetechnik teilweise bis zu 80% des Energiebedarfs eingespart werden. Dabei profitieren von der Modernisierung sowohl die Gebäudeeigentümer und Nutzer durch einen niedrigeren Energieverbrauch und einer Heizkosteneinsparung, als auch die Wirtschaft und das lokale Handwerk durch Investitionen in eine energetische Gebäudesanierung. Ein weiterer Gewinner ist der Klimaschutz.

6.4.2.1 Nachhaltiger Immobilienmarkt in den USA

Der Trend zur Nachhaltigkeit im amerikanischen Immobiliensektor hat in den letzten 10 Jahren den Bedarf nach Zertifizierungen für entsprechende Gebäude steigen lassen, besonders nach dem Auftritt des Klimawandels und der Knappheit der Ressourcen.

Eine aktuelle Studie der Situation des Immobilienmarkts in USA zwischen dem LEED-zertifizierten Bürogebäude und dem konventionellen Bürogebäude hat gezeigt, dass das LEED-zertifizierte Bürogebäude einen höheren Mietpreis (+10%) und höhere Verkaufserlöse (+31 %) pro m^2 mehr als die konventionellen Bürogebäude erzielen.

Abbildung 25: Mietentwicklung von US-Bürogebäude in Doller/m²/Monat [99]

---

[99]   Fuerst/McAllister; Henley Business School

Dieser Trend zur LEED-zertifizierten Bürogebäuden wird von Investoren und Nutzern angestrebt, weil die Investoren durch LEED-Zertifikate ihre Objekte besser vermarkten können. Außerdem sind Nutzer oder Mieter aufgrund der Zertifizierung bereit, eine etwas höhere Miete zu zahlen, weil daneben die zukünftigen Betriebskosten niedriger liegen dürften als in Altbauten oder Durchschnittsgebäuden.

Andere Studien zeigen, dass LEED-zertifizierte Bürogebäude weniger Leerstand innerhalb des Betrachtungszeitraums aufweisen, als die nicht-zertifizierten Gebäude. Allerdings war der Leerstand der LEED-zertifizierten Gebäude im Jahr 2008 mehr um ca. 1,8 % als die nicht-zertifizierten Gebäude. Der Grund dafür ist, dass das Jahr 2008 die Finanzkrise erkannt hat, weshalb viele Nutzer oder Mieter billigere Alternativen mieten wollten.

Abbildung 26: Leerstand von US-Bürogebäuden in Prozent [100]

Schließlich werden die LEED-zertifizierte Gebäude in dem Immobilienmarkt von Investoren, Nutzer und Mieter angestrebt, weil sie die Anforderungen der Beteiligten mehr als die konventionellen Gebäude erfüllen können.

6.4.2.2 Nachhaltiger Immobilienmarkt in Deutschland

Die Anzahl der DGNB-zertifizierten Gebäude in Deutschland sind nur 43 Gebäude[101]. Wegen der wenigen Anzahl kann ein Vergleich zwischen die DGNB-zertifizierte Gebäude und die nicht-zertifizierten Gebäude nach dem Leerstand, der Mietentwicklung oder dem Verkauft-Quote nicht durchgeführt werden.

---

[100] Fuerst/McAllister; Henley Business School
[101] www.dgnb.de [17:50 28.08.2009]

Laut einer Umfrage von Roux Deutschland GmbH[102], die auf ca. 220 Bauunternehmen, Ingenieur- und Architekturbüros durchgeführt wurde, haben die Ergebnisse festgestellt, dass die befragten Teilnehmer einen Trend an dem nachhaltigen Bauen haben. Sie finden auch, dass die Nachhaltigkeit eine große Bedeutung für die Bau- und die Immobilienwirtschaft hat. Sie meinen außerdem, dass die Nachhaltigkeit in den nächsten 5 Jahren verbreitet werden soll, damit sie den Bausektor umfänglich umfasst.

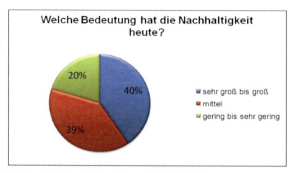

Abbildung 27: Welche Bedeutung hat der Nachhaltigkeit Heute?

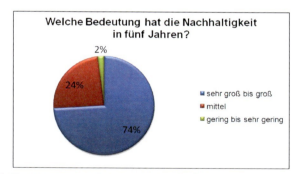

Abbildung 28: Welche Bedeutung hat der Nachhaltigkeit in 5 Jahren?

---

[102] Der Einfluss von Nachhaltigkeitszertifikaten auf den Marktwert von Immobilien/Ergebnisse der . Marktstudie/ Roux Deutschland GmbH

Es ist erkennbar, dass von einer zunehmenden Bedeutung von Nachhaltigkeitszertifikaten für die Immobilienwirtschaft ausgegangen wird. Gegenüber 41% der befragten
Personen, die einem Zertifikat heute eine sehr große bis große Bedeutung zuordnen,
sind es 74%, die einem Zertifikat in fünf Jahren eine sehr große bis große Bedeutung
zuordnen.

Weitere Umfrage von Roux Deutschland GmbH geht um den Kaufpreis einer Immobilie, ob die Investoren bereit sind, für eine Immobilie mit Nachhaltigkeitszertifikat einen
10% höheren Kaufpreis unter bestimmten Bedingungen zu zahlen. Die Bedingungen
sind:

1. Keine höhere Miete für die Immobilie erzielen könnten?
2. Eine um 5% höhere Miete erzielen könnten?
3. Eine um 10% höhere Miete erzielen könnten?

Das Ergebnis dieser Umfrage zeigt, dass beinahe 75% der Umfrageteilnehmer nicht
bereit sind, einen 10% höheren Kaufpreis zu zahlen, wenn sie im Gegenzug keine
höhere Miete erzielen könnten. Für 5% höhere Mieteinnahmen würden 38% der
Teilnehmer einen 10% höheren Kaufpreis zahlen. 74% der befragten Personen sind
bereit, einen 10% höheren Kaufpreis zu zahlen, wenn sie eine 10% höhere Miete
erzielen könnten.

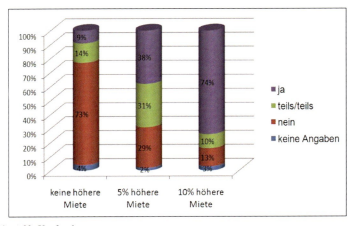

Abbildung 29: Kaufpreis

Roux Deutschland GmbH hat noch eine Umfrage in dem deutschen Immobilienmarkt über die Kaltmiete und ob die Mieter 10% mehr Kaltmiete zahlen wollen wenn:

1. Im Gegenzug diesen Mehrbetrag an Bewirtschaftungs-/Energiekosten einsparen?
2. Keine Bewirtschaftungs-/Energiekosten einsparen?
3. Im Gegenzug einen höheren Komfort/niedrigeren Krankenstand bei den Mitarbeitern erzielen können?

Die Schwerpunkte dieser Umfrage waren über die folgenden Anforderungen:

- Fall1: Mehr betragen Bewirtschaftungs-/Energiekosten wird eingespart.
- Fall2: Keine Bewirtschaftungs-/Energiekosten wird eingespart.
- Fall3: Ein höherer Komfort und niedriger Krankenstand kann bei den Mitarbeiter erzielt werden.

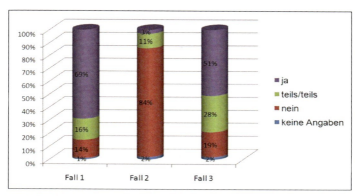

Abbildung 30: Kaltmiete

Das Ergebnis zeigt, dass Mehr als zwei Drittel der Umfrageteilnehmer bereit sind, 10% mehr Kaltmiete zu zahlen, wenn sie den Mehrbetrag durch niedrigere Bewirtschaftungs-/Energiekosten einsparen könnten.

84% der Teilnehmer akzeptieren keine höhere Kaltmiete, wenn sie im Gegenzug keine Bewirtschaftungs-/Energiekosten einsparen könnten.

Wenn ein höherer Nutzerkomfort sowie niedrigere Krankenstände bei den Mitarbeitern erzielt werden können, dann wären 51% der Teilnehmer bereit, eine 10% höhere Kaltmiete zu zahlen.

7   Fazit

Nachhaltiges Bauen ist ein Weg, der den Bauindustrie, Architekten und Planer, Investoren und Gebäudenutzer eine wirtschaftliche, umweltfreundliche, gesunde und sichere Bauweise ermöglicht. Deshalb wurde die World Green Building Council gegründet, damit sie die Nachhaltigkeit des Bausektors zu der Realität bringt. Um besonders die verschärfte Klimaschutzziele effektiv zu erreichen und eine möglichst große Ressourcenunabhängigkeit zu erzielen.

Die BREEAM- und LEED-Zertifizierungssysteme haben fast die gleichen Vor-und Nachteile auf die Bau- und Immobilienwirtschaft, weil LEED teilweise von BREEAM entwickelt wurde. Deren Vorteile entsprechen der Kanalisation der Aktivitäten, der Einfachheit des Bewertungssystems in der Anwendung, der Möglichkeiten für Geschäftsmodelle und der einfachen Anpassung an jedem Projekt.

Diese Vorteile haben das LEED- und BREEAM-Zertifizierungssystem als erfolgreiches System national und international präsentiert. Andererseits haben die beiden Systeme aber Nachteile, wie die fehlende Übersicht und Betrachtung des gesamten Lebenszyklus eines Projektes.

Die Deutsche Gesellschaft für Nachhaltiges Bauen (DGNB) hat ihr Zertifizierungssystem ohne die oben genannten Nachteile der beiden Systeme entwickelt. Die integrale Qualität und Betrachtung des Lebenszyklus bzw. die Wertstabilität stellen die Vorteile der DGNB dar.

Das LEED-Gütesiegel ist international sehr bekannt, besonders mit der hohen Anzahl der zertifizierten Projekte. Außerdem wird die Nachfrage im internationalen Bau- und Immobilienmarkt nach dem LEED-Zertifizierungssystem auf Grund der einfachen Anwendung und Anpassung ständig gestiegen. Die mehreren Versionen von LEED, wie z.B. für neue Büro- und Verwaltungsgebäude, Bauindustrie, bestehende Gebäude, Schulen usw. bieten den Nachweis, dass LEED gute Erfahrung im nachhaltigen Bauen hat.

Die riesige Anzahl der registrierten Gebäude und die zertifizierten Gebäude nach dem BREEAM-System reflektiert die Praxistauglichkeit und Erfahrung der BREEAM. Seit Oktober 2008 teilt BREEAM den Platz mit LEED auf dem internationalen Bau- und Immobilienmarkt.

DGNB hat nach dem Ende der Probephase ihr System als ein offizielles nationales System in Deutschland vorgestellt. Die erste Version ist für neue Büro- und Verwaltungsgebäude bestimmt. Consense 2009 in Stuttgart war ein Wendepunkt in der Geschichte der DGNB, besonders mit der internationalen Nachfrage dieses Systems. Außerdem entwickelt DGNB ihr System weiter, um weitere Baubereiche zu umfassen.

Die Nachhaltigkeit ist ein zusammen verbundenes System. Die Anwendung der einzigen Aspekte der Nachhaltigkeit führt nicht zu den optimalen Ergebnissen. Zum Beispiel führt die Anwendung der ökologischen Aspekte zur Reduzierung der CO_2-Emission und bessere Energieeffizienz, andererseits werden die entstehende Kosten der Instandhaltung oder die Renovierung nicht optimiert.

Die Nachhaltigkeit bietet Ansätze der Chancen und Risiken.

Die Chancen sind:

- Sicherheit der langfristigen Vermietbarkeit
- Niedrige Betriebs- und Instandhaltungskosten
- Höhere Verkaufserlöse
- Werterhalt der Immobilie
- Erhöhung der Energieeffizienz und Reduzierung der CO_2-Emission

Aber die Risiken sind:

- Unsicherheiten hinsichtlich Umlagefähigkeit der Kosten für die Nachhaltige Optimierung eines Gebäude
- Fehlende Messbarkeit der Nachhaltigkeitskriterien

Schließlich wird die Nachhaltigkeit in der Zukunft mehr entwickelt und neue Konzepte darauf addiert. Der Wettbewerb ist zwischen den internationalen Systemen sehr groß, besonders mit der Entwicklung der neuen Systeme in der Welt. DGNB verbreitet sich in Zukunft auf dem Bau- und Immobilienmarkt mehr als LEED und BREEAM, wenn LEED und BREEAM nicht die ökonomischen Aspekte in ihrem System berücksichtigen.

Literaturverzeichnis

[01] Jerry Yudelson; Green Buidling A to Z understanding the language of Green Building (2007)

[02] Green Building Council Report in Rabat, Marokko, 2-4 April 2007

[03] DGNB Präsentation in April 2009

[04] Dr. Günter Löhnert, Seminar über Deutsches Gütesiegel Nachhaltiges Bauen in Freiburg (12.02.2009)

[05] DGNB Handbuch (23.04.2009)

[06] Haselbach, L.; The engineering guide to LEED-new construction: sustainable construction for Engineers (2008)

[07] Charles J. Kibert; Sustainable construction: Green building design and delivery second edition (2007)

[08] Code for sustainable home, setting the standard in sustainability for new homes (2008)

[09] Seminar Grün ist nicht gleich Grün von Oliver Baumann, Claudius Reiser und Jochen Schäfer am April.2009

Anhang

Fragebogen zu den Nachhaltigkeitszertifikaten

Allgemeine Angabe zum Fragenbogen:

- Unternehmens-/Firmenname: Unternehmen XY
- Standort von Unternehmen/Firma:
- Die Web-Adresse:
- Ansprechpartner:
- Position:
- Telefon:
- E-Mail:

Unternehmensprofil:

1. Welche Aktivitäten beschreiben Ihr Unternehmen am besten?(Bitte rechts in der Spalte ankreuzen)

Bauunternehmer:	
Designer-, Ingenieur-, Architekturbüro:	X
Material- und Gerätelieferant:	
Dienstleistungs- und Technologieentwicklung:	X
Forschungseinrichtung:	X
Sonstige: Consulting für Zertifizierungsverfahren, Cx, FM, Due Diligence, Energiemanagement, Lifecycle-Design	

2. Wie groß ist Ihr Unternehmen? (Bitte rechts in der Spalte ankreuzen)

Großes Unternehmen: > 350 MA	X
Mittelständiges Unternehmen:	
Kleines Unternehmen:	

3. Auf welcher Ebene ist Ihr Unternehmen am meisten tätig? (Bitte rechts in der Spalte ankreuzen)

Regionale Ebene:	
Nationale Ebene:	X
Globale Ebene:	

4. Welche Phase des Projektes führt Ihr Unternehmen normalerweise durch? (Bitte rechts in der Spalte ankreuzen)

Planungsphase:	X
Ausführungsphase:	X
Überprüfung und Gutachten:	X
Facility Management:	X

5. Welche Rechtsform hat Ihr Unternehmen? (Bitte rechts in der Spalte ankreuzen)

Einzelunternehmen:	X
Personengesellschaft:	X
Kapitalgesellschaft:	

6. In welcher Branche ist Ihr Unternehmen beschäftigt? (Bitte rechts in der Spalte ankreuzen)

Bauliche Anlagen und Fassaden :	
Decken:	
Lüftung, Heizung, Kühlung:	
Sanitärarbeiten:	
Tunnelbau:	
Straßenbau:	

Wasser und Abwasser:	
Kanalbau:	
Akustik und Trockenbau:	
Fassadenbau:	
Beton- und Stahlbetonbau:	
Hochbau:	
Rohrleitungsbau:	
Sonstige:Planung gesamte Technische Gebäudeausrüstung	

Fragen für Nachhaltiges Bauen:

1. Welcher Art von Bautätigkeiten führt Ihr Unternehmen häufig durch? (Bitte rechts in der Spalte ankreuzen)

Neubautätigkeiten:	
Sanierungs- oder Modernisierungstätigkeiten:	
Beide zusammen:	X

2. Sind die Strategien Ihres Unternehmens umweltbewusst orientiert, und inwieweit hat das Thema „Nachhaltiges Bauen" eine Auswirkung auf Ihre Bautätigkeiten? (bitte erläutern)
   - Einhaltung gesetzlicher Vorgaben wie EnEV 2009 etc.

   - Energieeffiziente Gebäude bis hin zu Ansätzen Null-Energiegebäude

   - Forschungsvorhaben im Bereich Energieeffizienz, Betriebsoptimierung

   - Zertifizierungen nach LEED & DGNB

   - Realisierung des Einsatzes vom regenerativen Energieträger von Solar bis Geothermie, Grauwassernutzung etc.

- Ressourcenschonende Anlagen von wassersparenden Armaturen bis hin zu komplexen Gebäudeautomationssystemen zur effektiven Gesamtsteuerung der Anlagentechnik

3. Ist Ihr Unternehmen ein Mitglied der deutschen Gesellschaft für Nachhaltiges Bauen e.V.? (Bitte rechts in der Spalte ankreuzen)

Ja:		x	Nein:	

4. Wie viele Projekte hat Ihr Unternehmen anhand der folgenden Bewertungssysteme bewertet? Welchen Bewertungsgrad haben sie dann dafür erhalten? (in D ist erst 1 LEED Zertifikat vergebn, alle anderen in Bearbeitung! – 20 laufende Projekte LEED; 2 laufende Projekte DGNB)

Bewertungsgrad:	Gold	Silber	Bronze	
DGNB[103]:	0	2	0	
Bewertungsgrad:	Platin	Gold	Silber	zertifiziert
LEED[104]:				0
Bewertungsgrad[105]:	Pass	Gut	Sehr Gut	Excellent
BREEAM[106]:	0	0	0	0

---

[103] DGNB: Deutsche Gesellschaft für Nachhaltiges Bauen
[104] LEED: Leadership for Energy and Environmental Design (USA)
[105] Ein Stern = niedriger Bewertungsgrad, sechs Sterne = höchster Bewertungsgrad
[106] BREEAM: Bre. Environmental Assessment Method (GB)

5. Wie weit sind die ökologischen, ökonomischen und soziokulturellen Aspekte in den Tätigkeiten Ihres Unternehmens vertieft, und welche Aspekte davon verwenden Sie mehr als die anderen (bitte erklären Sie)?

Ökologische Qualität : seit 35 Jahren ist das Thema Energieeffizienz, Ressourcenschonung, Regenerative Energien etc. von EB forciert worden.

Ökonomische Qualität: Keine Ökologie ohne Ökonomie – hier müssen Sie darstellen können, wie es sich mit den Gesamtlebenszykluskosten verhält.

Soziokulturelle Qualität:

Technische Qualität: Mit dem Hauptgeschäftsfeld TGA-Planung legen wir hier natürlich einen Schwerpunkt, geeignete technische und gleichzeitig ökonomische und den Anforderungen gemäße Lösungen zu finden.

Prozessqualität: Wir sind auch im Bereich Cx=Commissioning aktiv und haben verschiedenste Forschungsvorhaben zur Betriebsoptimierung realisiert und Produkte daraus entwickelt (Enhanced Building Operation vgl. Forschungsprogramm EnBoP

6. Wie beurteilen Sie die aktuelle Situation des Bau- und Immobilienmarktes für das nachhaltige Bauen? Ist das nachhaltige Bauen eine notwendige Anforderung, besonders wegen der Finanzkrise und dem Klimawandel? (erläutern Sie bitte Ihre Meinung mit ja oder nein und warum)

> Nein, nicht wegen der Immobilienkrise oder dem Klimawandel, sondern wegen der Betriebskosten – gerade von großen Gebäuden, die sich zusehens den Investitionskosten bei einer Laufzeit von 15 Jahren nähern.

> Man hat sich in Deutschland zu sehr auf seine Vorreiterrolle bei technologischen Entwicklungen verlassen und dabei die Realisierung, Erfahrungsgewinnung und Weiterentwicklung aus den Augen verloren.

> Zu starke Forcierung rein auf das Thema Energieeffizienz. Kein gesamtes über-
greifendes Marketing für nachhaltige Gebäude wo sich alle Beteiligten mit einer
Zielsetzung zusammengeschlossen haben. Viele Einzelaktionen

> Keine Visionen auch aus politischer Sicht entwickelt und sich mit kleinen
Schritten diesen angenähert. Man will im das Beste und Größte vorhalten und hat
dabei vergessen den Blick über die Grenzen gleiten zu lassen. Manchmal ist weniger mehr. Viele kleine Schritte ergeben einen Großen.

> Die aktuelle Aufbruchstimmung sollte genutzt werden. Leider wird das Thema
Nachhaltigkeit oder Lebenszykluskosten keine Berücksichtigung in der Novellie-
rung der HOAI in den nächsten Tagen finden.

> Trotzdem gibt es viele neue Ansätze auch von seitens des Ministeriums

> es ist diese Vielzahl an aktuellen Projekten die das Thema in den Medien und
im Alltagsgeschäft hält

> nicht zu verschweigen sind die anstehenden Novellierungen und ersten Angabe,
die es für eine Weiterentwicklung der EnEV von seitens der EU gibt – 2011 Null-
energiehäuser als Standard? Bis dahin sollten wir über unzählige Erfahrungswerte
verfügen, um gewappnet zu sein

> Problematisch ist der Gebäudebestand zu beurteilen, da hier unbekannte Altlas-
ten schlummern und in einigen Jahren der Schwerpunkte nicht mehr auf Neubauten sondern in der Sanierung liegen wird. Noch gibt es hier ein Defizit in Ansätzen für Lösungen und die Notwendigkeit wurde noch nicht flächendeckend
erkannt.

7.   Glauben Sie, dass die Nachhaltigkeit die Nachfrage und die Wettbewerbsfähigkeit
im Bau- und Immobilienmarkt steigert?

Die Nachfrage bleibt deshalb im Markt unverändert. Der Preiskampf bleibt erhalten, nur – die Abwertung bei nicht Nachhaltigen Gebäuden wird noch extremer
sein. Dies gilt insbesondere bei Mietern von großen Flächen wie Banken, Bera-
tungsunternehmen etc. die auch eine eigene CSR verfolgen.
Nachhaltigkeit wird somit zu einer Wertstabilität der jeweiligen Immobilie führen,
aber nicht zu einem Wertzuwachs, wie dies bis vor 1 ½ Jahren der Fall war.

8. Welche Chancen bietet die Nachhaltigkeit für Ihre Projekte im Bau- und Immobilienmarkt? Welche Risiken sehen Sie bei der Nachhaltigkeit?

Chancen:	Risiken:
1. . Zukunftssicherheit	1. . Abflauen des Booms
2. . Betriebskostensenkung	2. . der Gebäudebestand
3. . Wertstabilität	3. . mangelnde Datenbasis
4. . höhere Vermietungsrate	4. . zu begrenzte Sichtweise
5. . neue Finanzierungsansätze	5. . Elitendenken – zu hohe Maßstäbe setzen, die zu hohen Beratungsleistungen und Zertifizierungskosten führen

9. Welche Auswirkung hat die Nachhaltigkeit auf der Wertstabilität der Immobilien im Markt?

Nachhaltigkeit führt maximal zu einer Wertstabilität der Immobilien und evtl. zu einer längeren Nutzungsdauer insgesamt, wobei man auch hier mittlerweile von einer Gesamtreduktion von 20 auf 15 Jahre ausgeht.

10. Welche Vor- und Nachteile hat die Nachhaltigkeit auf die Bau- und Immobilienwirtschaft?

Vorteile der Nachhaltigkeit:	Nachteile der Nachhaltigkeit:
1. . Aufwertung von Stadtnähe/Urbanität	1. . Ein Überhang an Bestandsgebäuden in naher Zukunft
2. . Aufwind für die Produkte	2. . zu hohe Standards bei Siegeln
3. . Produkte werden endlich unter realen Bedingungen getestet und müssen sich bewähren	3. . zu viele Siegel mit zu großer Differenzierung
4. . Wertstabilität	4. . Grenzen werden nicht erkannt
5. . Zukunftssicherung	5. . Neue Probleme wie mangelnde Wasserdurchfluss-mengen; Mindeststroms-abnahme für Preiseinsparung
6. . Neue Sichtweise auf Geb.	6. . keine einheitlichen Standards
7. . Lebenszyklusbetrachtung	7.

Vielen Dank für Ihr Bemühen!

Verwendete Internetadressen

[URL1] http://www.worldgbc.org/about-worldgbc/who-we-are/history

17:36 18.08.2009

[URL2] http://www.worldgbc.org

17:40 18.08.2009

[URL3] http://www.worldgbc.org/about-worldgbc/who-we-are/vision-a-mission

18:10 18.08.2009

[URL4]http://surfopi.wordpress.com/2009/01/27/deutsches-zertifizierungssystem-dgnb/

15:33 22.06.2009

[URL5] http://energieundbau.de/mediadb/144914/170424/Abb2.gif

15:41 22.06.2009

[URL6] http://www.usgbc.org/DisplayPage.aspx?CMSPageID=222
18:40 02.07.2009

[URL7] http://www.usgbc.org/DisplayPage.aspx?CMSPageID=220
18:42 02.07.2009

[URL8] www.breeam.org

09:20 29.07.2009

[URL9] http://www.nora.eu/at/news/whats_new/Bilder/DGNB_Logo_de_net.jpg

12:46 21.07.2009

[URL10] http://www.wylierobinson.com/resume/LEED_Logo.jpg

12:47 21.07.2009

[URL11] http://www.cityparkgate.co.uk/images/breeam_logo.png

12:48 21.07.2009

[URL12] http://communicate.usgbc.org/newsletters/USGBC_Update/0812_full.html

13:25 21.07.2009

[URL13] http://www.geb-info.de/QUlEPTI0NzgxMyZNSUQ9MTA1MzYx.html

20:00 22.07.2009

[URL14]http://www.dgnb.de/de/zertifizierung/objekte/index.php?Sortierung=Verliehen
esGuetesiegel&we_lv_start_0=0

14:21 23.07.2009

Band 9   Reihe Nachhaltigkeit

Florian A. Mertens

Energetische Sanierung des
Wohnungsbestands durch
Passivhaus-Technologien

Eine szenariobasierte Lebenszyklus-Erfolgsanalyse

Florian Arnold Mertens

**Energetischen Sanierung
des Wohnungsbestands durch
Passivhaus-Technologien**
Eine szenariobasierte
Lebenszyklus-Erfolgsanalyse

Diplomica 2008 / 116 Seiten /
39,50 Euro

ISBN 978-3-8366-0432-1
EAN 9783836604321

Die Wohnungswirtschaft in Deutschland steht derzeit vielfältigen und bisher nicht gekannten Herausforderungen gegenüber. Der demographische Wandel, die Klimaschutzproblematik, zunehmende Leerstände in strukturschwachen Regionen, sowie steigende und immer stärker individualisierte Ansprüche an den Wohnkomfort erfordern schlüssige Konzepte für die Entwicklung der Wohnungsbestände. Eine besondere Bedeutung kommt dabei Maßnahmen zur Verringerung des Energieverbrauchs zu, da sie durch Reduktion der CO_2-Emissionen einen wesentlichen Beitrag zur Zukunftsfähigkeit des deutschen Immobilienbestandes leisten können. Dabei stellt sich die Frage, ob der Einsatz energieeffizienter Passivhaustechnologien im Gebäudebestand nicht nur erheblich zum Klimaschutz beitragen, sondern zugleich auch den wirtschaftlichen Rentabilitätsanforderungen genügen kann. Diese Studie untersucht daher die relative wirtschaftliche Vorteilhaftigkeit einer Sanierung mit Passivhaus-Technologien gegenüber herkömmlichen Sanierungsvarianten aus Investorensicht. Im Zentrum der Analyse stehen typische Mehrfamilienhäuser der 50er und 60er Jahre. Dabei baut die Untersuchung auf der Entwicklung verschiedener Szenarien auf. Mit Hilfe der Monte-Carlo-Methode werden unterschiedlichste real mögliche Sanierungsfälle im Sinne einer repräsentativen Stichprobe simuliert und anschließend ökonomisch und statistisch ausgewertet. Die Ergebnisse zeigen die aktuelle und zukünftige Leistungsfähigkeit der Passivhaustechnologien bei der Sanierung von Wohnungen im Bestand.

Christian Puls

Green Buildings: Nachhaltiges Bauen auf dem deutschen und amerikanischen Gewerbeimmobilienmarkt

Diplomica 2009 / 112 Seiten / 59,50 Euro

ISBN 978-3-8366-7352-5
EAN 9783836673525

Christian Puls

Green Buildings

Nachhaltiges Bauen auf dem deutschen
und amerikanischen Gewerbeimmobilienmarkt

Reihe Nachhaltigkeit
Band 21

Ein Green Building ist eine Immobilie, welche die Reduktion des Einflusses auf Umwelt und menschliche Gesundheit zum Ziel hat. Green Buildings werden entworfen, um Strom und Wasser einzusparen und um negative Auswirkungen auf Mensch und Umwelt über den gesamten Lebenszyklus zu minimieren.

Dieses Buch analysiert aus Sicht des deutschen und amerikanischen Gewerbeimmobilienmarkts die Faktoren, welche die Green Building-Bewegung derzeit vorantreiben. Es verdeutlicht an praktischen Beispielen, wie sich Investitionen in nachhaltige Gebäude rechnen und gibt einen Überblick über die angewandten Techniken.

Weiterhin wird darüber aufgeklärt, welche Vorschriften und Zertifikate das nachhaltige Bauen in der BRD und den USA bestimmen und auszeichnen. Besonderes Augenmerk liegt hierbei auf der Rolle des amerikanischen Zertifikats für „Leadership in Energy and Environmental Design" (LEED) sowie des Zertifikats der Deutschen Gesellschaft für nachhaltiges Bauen. Abschließend gibt eine Umfrage unter Experten Einblicke in die derzeit vorherrschenden Meinungen über Green Buildings und zeigt mögliche Potenziale dieser Bewegung auf.

Thomas Kellner

Erneuerbare Energien im Mehrfamilienhaus

Einsatz regional regenerativer Energieträger anstelle von Erdöl für Mehrfamilienwohnanlagen

Diplomica 2009 / 116 Seiten / 49,50 Euro

ISBN 978-3-8366-7493-5
EAN 9783836674935

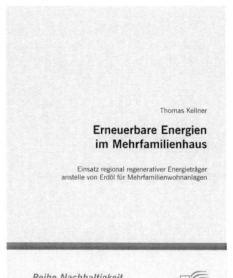

Thomas Kellner

Erneuerbare Energien im Mehrfamilienhaus

Einsatz regional regenerativer Energieträger anstelle von Erdöl für Mehrfamilienwohnanlagen

Reihe Nachhaltigkeit
Band 22

Der Lebensstandard der westlichen Zivilisation wäre ohne Energie nicht in dieser Form möglich: Wir benötigen Energie unter anderem zur Zubereitung unserer Speisen, zur Körperpflege, zur Fortbewegung und nicht zuletzt zum Heizen unserer Häuser.

Die vorliegende Studie zeigt am Beispiel der Gebirgsregion Pinzgau, welche regenerativen Energieträger nicht nur theoretisch, sondern auch praktisch für Mehrfamilienwohnanlagen eingesetzt werden können. Zunächst werden hierfür die Besonderheiten und klimatischen Bedingungen (Heizgradtage, Sonneneinstrahlung) der Region Pinzgau näher erläutert. Im Anschluss werden die theoretisch zur Verfügung stehenden regenerativen Energieträger untersucht: Biomasse, Wasserkraft zur Stromgewinnung, Erdwärme, Umgebungsenergie, Solarenergie und Windenergie zur Stromgewinnung.

Das Buch macht deutlich, dass von den theoretisch zur Verfügung stehenden Energiequellen nur drei Energieträger wirklich für Mehrfamilienhäuser im Pinzgau und in vergleichbaren Regionen geeignet sind.

Eike Natho

Energieeffizienz von Gebäuden und Vermarktung von Immobilien

Energetische Optimierung von Neu- und Bestandsbauten

Diplomica 2009 / 132 Seiten / 39,50 Euro

ISBN 978-3-8366-6954-2

EAN 9783836669542

Eike Natho

Energieeffizienz von Gebäuden und Vermarktung von Immobilien

Energetische Optimierung von Neu- und Bestandsbauten

Reihe Nachhaltigkeit
Band 23

Der Leser erhält in diesem Buch einen Einblick in die zukunftsorientierte Umsetzung energetischer Maßnahmen im Immobilienbereich zur positiven Beeinflussung der Vermarktungsmöglichkeiten immobilienwirtschaftlicher Produkte und Dienstleistungen.

Hierbei werden sowohl technische als auch rechtliche Rahmenbedingungen und Ansätze aufgezeigt sowie Lösungskonzepte beschrieben. Neben einem theoretischen Teil zum Verständnis der immobilienspezifischen Begriffe und Prozesse enthält das Werk einen Marktforschungsteil in Form einer Umfrage: Es wurden sowohl Eigentümer von selbstgenutzten Immobilien als auch Mieter von Wohnimmobilien zu verschiedenen Aspekten der Energieeffizienzthematik befragt, um Rückschlüsse für die Zukunft zu ermöglichen.
Die Ansatzpunkte für die derzeitige Entwicklung der Effizienzsteigerung im Gebäudesektor liegen in ökonomischen und ökologischen Motiven. In Zeiten der steigenden Energiepreise für fossile Energieträger sowie der öffentlichen Debatten um die negativen Auswirkungen des Kohlendioxidausstoßes auf das Weltklima rücken effiziente Objekte immer mehr in den Mittelpunkt von Immobiliennachfragern und damit auch ins Zentrum der Marketingausrichtung der Anbieter.

Der Autor plädiert für eine nachhaltige Orientierung des Marketings an der Umwelt-Thematik und auf die flächendeckende Umsetzung der technischen Lösungen in diesem Bereich.

Benjamin Wolf

Energieeinsparmöglichkeiten an Bestandsgebäuden

Ein Praxisbeispiel

Diplomica 2009 / 132 Seiten / 39,50 Euro

ISBN 978-3-8366-6829-3
EAN 9783836668293

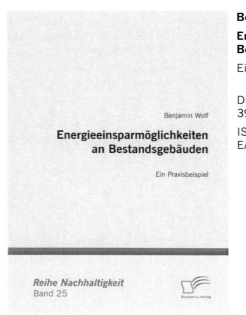

Das Bauen im Bestand entwickelt sich zu einem breiten Tätigkeitsfeld für Handwerker, Architekten und Ingenieure. Das Potenzial der Kosteneinsparung durch eine energetische Sanierung wird leicht unterschätzt.

Anhand eines DDR-Einfamilienhauses werden energetische Schwachstellen projektbezogen untersucht und Einsparpotenziale an Gebäudehülle und Heizungstechnik dargelegt.
Vor dem Hintergrund der Energieeinsparverordnung als gesetzlichem Rahmen sowie einer Anzahl Regelwerke und Arbeitshilfen werden Modernisierungskonzepte aufgezeigt und nachgewiesen. Die gewonnenen Erkenntnisse dienen als Grundlage für eine weitergehende Energieberatung und Investitionsrechnung, in welcher die erzielten Ergebnisse einfließen können.

Das Buch ist ein nützliches Werkzeug für alle, die sich mit Energieeinsparmöglichkeiten an Bestandsgebäuden befassen.